软件定义网络业务传输优化技术研究

周 宁 著

电子科技大学出版社
University of Electronic Science and Technology of China Press
·成都·

图书在版编目（CIP）数据

软件定义网络业务传输优化技术研究 / 周宁著 .
成都：成都电子科大出版社，2024. 10. -- ISBN 978-7-
5770-1194-3

Ⅰ. TP393.0

中国国家版本馆 CIP 数据核字第 2024A8P951 号

软件定义网络业务传输优化技术研究

RUANJIAN DINGYI WANGLUO YEWU CHUANSHU YOUHUA JISHU YANJIU

周　宁　著

策划编辑　李述娜
责任编辑　李述娜
责任校对　李雨纾
责任印制　梁　硕

出版发行　电子科技大学出版社
　　　　　成都市一环路东一段159号电子信息产业大厦九楼　邮编 610051
主　　页　www.uestcp.com.cn
服务电话　028-83203399
邮购电话　028-83201495

印　　刷　石家庄汇展印刷有限公司
成品尺寸　170mm × 240mm
印　　张　11.25
字　　数　180千字
版　　次　2024年10月第1版
印　　次　2024年10月第1次印刷
书　　号　ISBN 978-7-5770-1194-3
定　　价　78.00元

前　言

软件定义网络（software-defined networking, SDN）实现了控制平面与数据平面的解耦，创新性地解决了传统网络体系结构僵化、管理难度大、更新困难等问题，已成为近年来学术研究与产业应用的热点。然而，随着各类基于 SDN 的网络基础设施特别是数据中心网络的不断发展，网络流量和大量的网络应用呈现爆炸式增长，SDN 网络业务传输过程中存在服务质量难以保证和终端用户体验差的问题。

首先，随着网络业务的多元化发展，网络业务状态信息呈现高维化特征，现有 SDN 受限于其节点感知能力和僵化的业务分配机制，难以高效完成全局网络业务感知，无法为业务传输提供精确的感知依据；其次，在分布式多控制器部署的 SDN 网络中，如果其子域划分不合理，多域管理下的控制器间协作性差，就会严重影响 SDN 业务传输效率；最后，网络流量存在时间与空间分布不均匀的特性，在业务流量突发的情况下，控制器极易出现过载或者轻载的状况，导致业务传输不稳定。

本书的研究内容以国家“863 计划”课题“软件定义网络体系结构与关键技术研究”为依托，围绕软件定义网络业务传输优化技术展开研究，从 SDN 业务传输框架、SDN 业务状态感知算法、多域协同控制机制（affinity situated cognition-based multi-controller cooperation, ASCMC）和控制器负载均衡策略四个方面进行优化，主要研究工作及成果如下。

（1）本书针对软件定义网络的业务传输优化需求，受生物界中群集运动“个体自主运动，整体智能协同”特征的启发，将实现分布式网络状态感知、区域自主协同、全局负载均衡作为网络优化目标。首先，本书设计了一种基于群集运动的SDN网络业务传输框架；其次，在SDN网络中引入群集运动，给出了该框架的功能模型及相应的数据层、控制层和服务层功能函数，并详细阐述了实现基于群集运动的SDN业务传输框架的关键机制，为实现SDN业务传输的智能决策和高效控制提供架构支撑；最后，原型验证系统证明了该框架对业务传输优化的有效性。

（2）本书针对节点性能受限难以进行网络业务高维状态感知的问题，在SDN业务传输框架下，提出了一种基于降维与分配的SDN业务感知算法。该算法分为业务降维和业务分配两个阶段。阶段1利用*k*-center方法的聚类思想将高维感知业务划分为多个低维感知子业务；阶段2根据网络节点的性能，由节点选择或匹配一至多个子业务进行感知，引入调节参数调整各节点参与业务感知的概率，并设置权衡因子均衡感知代价与参与感知的网络节点个数。仿真结果显示，该算法的业务感知率随节点个数增加趋于100%，节点感知均衡性与节点个数成正比。

（3）本书针对SDN多域中业务传输存在的控制协同性差的问题，在SDN业务传输框架下，提出了一种基于近邻情景感知的SDN多域协同控制机制。首先，本书设计了基于近邻传播聚类的网络分域算法，通过感知网络节点间的状态信息（跳数和流请求速率）定义并计算节点吸引度和归属度，并基于近邻传播过程划分SDN多域；其次，设计了基于协同映射的控制器负载优化算法，通过在交换机和控制器之间实施双向映射，优化交换机和控制器的连接关系，从而均衡控制器负载。仿真结果显示，交换机–控制器时延平均降低34.5%，控制器负载均衡率至少提高了26.7%。

（4）本书针对网络业务流量突发情况下控制器负载失衡的问题，在SDN业务传输框架下，提出了一种面向SDN控制器负载均衡的交换机自适应迁移策略。在各控制器节点上增加功能模块，动态设定控制器过载判定门限值，通过负载收集与测量、过载判定、选择迁移域及自适应迁移等步骤，实现了控制器负载的优化调整。仿真结果显示，与现有的交换机迁移算法相比，该策略的迁移效率提升了 19.7%。

由于作者能力有限，书中难免存在不足，敬请广大读者批评指正。

周 宁

2024 年 10 月

目 录

第1章 绪 论

本章首先介绍软件定义网络（software-defined networking, SDN）业务传输技术的研究背景与选题意义，回顾相关领域的主要研究工作；其次列举近年来在SDN框架演进优化、SDN网络业务感知方法、SDN网络协同控制和SDN网络服务质量（quality of service, QoS）保障等方面的重要成果，以优化SDN业务传输为目标，分析当前研究中存在的一些亟待解决的问题；最后对本书的研究内容、写作结构与安排等进行详细的阐述。

1.1 研究背景、内容及软件定义网络与业务传输相关技术

1.1.1 研究背景

随着通信网络技术的快速发展，互联网不仅成为社会发展的重要基础设施之一，还在人们生产、生活中扮演着越来越重要的角色。随着5G基础设施的部署，云计算、大数据等新技术的广泛应用以及手机、平板、穿戴等各种终端的普及，人们的生产、生活方式不断改变，导致网络流量呈爆炸式激增[1]。

面对严峻的挑战，传统网络框架已经难以满足日益增长的网络业务需求，其在管理难度、可扩展性以及实验研究等方面的局限性逐渐暴露出来。在传统网络中，网络设备上的控制管理和数据转发功能紧密耦合在一起，网络的控制管理平面极为复杂，无法实现细粒度的控制，且灵活性和扩展性难以提高。同时，网络流量具有突发性，在时间和空间上分布不均匀，极易出现网络中某些链路拥塞时其他链路却处于轻载状态

的现象，导致网络负载在大流量突发与长时间相对静止两种极端状态中交替，链路不均衡且利用率低，严重影响了端到端的业务传输质量。

为了缓解这一问题，提高网络业务传输的效率和质量，传统的解决方案多采用流量工程技术对网络业务传输进行优化。可以说，流量工程（traffic engineering, TE）[2] 作为优化网络流量分布、提高网络性能的一种重要机制，涵盖了一系列传输过程中的测量、分析、预测和管理数据流量的实施方案，该机制能够在不增加现有网络硬件设备投入的基础上，提升网络设备性能和链路的利用率，降低网络拥塞，有效地改善用户体验 [3]。典型的流量工程思想已广泛应用于解决异步传输模式（asynchronous transfer mode, ATM）网络拥塞控制问题 [4]、大量优化路由和改进网络服务质量 [5]、承载网 [6]、显式路径路由 [7] 以及多路径路由 [8] 等方面。

同时，国内外研究人员对新型网络结构进行了深入的研究和探索，如美国的下一代互联网计划全球网络调研环境（global environment for network innovations, GENI）[9]、未来互联网设计（future internet design, FIND）[10] 方案，欧洲国家的未来互联网研究和实验（future internet research and experimentation, FIRE）[11]、访问保持和调节仪器（access keeping and regulating instrument, AKARI）[12] 方案，以及中国的可重构信息通信基础网络体系研究 [13-14]、智慧协同网络体系基础研究 [15] 等方案。在数次实验与分析验证后发现，数据平面和控制平面紧密耦合并封装于同一硬件设备，是传统 IP 网络无法实现集中式控制和形成全局视野的根本原因。因此，研究人员提出了将转发与控制分离的突破性方案。基于数控分离的思想，互联网工程任务组（internet engineering task force, IETF）[16]，控制转发分离协议（forwarding and control element separation, ForCES）[17]、4D [decision, dissemination, discovery, data][18]，

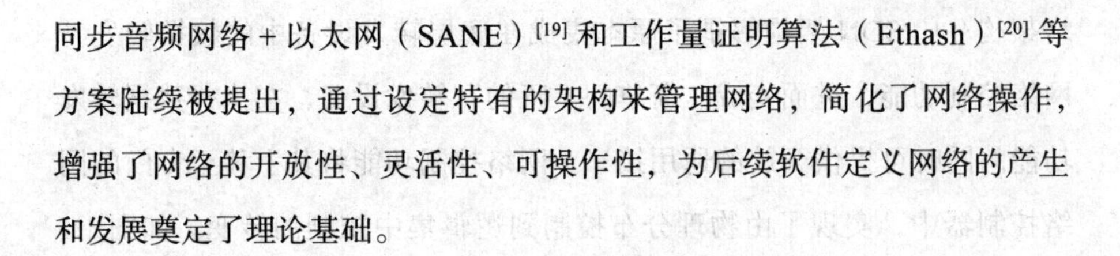

同步音频网络+以太网（SANE）[19] 和工作量证明算法（Ethash）[20] 等方案陆续被提出，通过设定特有的架构来管理网络，简化了网络操作，增强了网络的开放性、灵活性、可操作性，为后续软件定义网络的产生和发展奠定了理论基础。

1.1.2 研究内容

综上 SDN 业务传输发展需求及相关技术发展应用的背景，本书以实现 SDN 网络业务传输过程中的全网状态高效感知、多域协同控制、控制器负载均衡为优化目标，从以下 4 个方面开展研究：①丰富 SDN 业务传输框架的内容与功能，以实现更加高效的决策；②综合感知代价、感知效率和节点感知均衡性等因素改进感知策略，让节点更加高效、精确地感知网络；③优化控制器部署方案及控制器与交换机连接关系，增强多域间的协同性，使网络更加稳定；④改进交换机动态迁移策略，增强节点的自适应判定能力，以高效迁移缓解网络中的流量突发状况，更好地实现网络控制器负载均衡。

1.1.3 软件定义网络与业务传输相关技术

1. SDN 网络架构

OpenFlow 的概念由美国斯坦福大学教授麦吉沃恩（Mckeown）于 2008 年首次提出，并进一步提出了 SDN 的概念。2016 年，开放式网络基金会（ONF）在发布的“SDN Architecture Issue 1.1”中定义 SDN 是满足控制和转发分离、网络业务可编程、集中化控制三点原则的一种网络架构[21]。SDN 架构解耦了原本集成在底层转发设备中的数据转发与网络控制功能，进而变成“简单的、哑的”转发设备，在执行数据转发功能的同时可提供开放的通用接口。网络控制功能将其上移至专门的网络控制器中，实现了由物理分布控制到逻辑集中控制的转变。如图 1.1 所示，SDN 网络由上至下分为应用层、控制层、基础设施层（即数据转发层）。

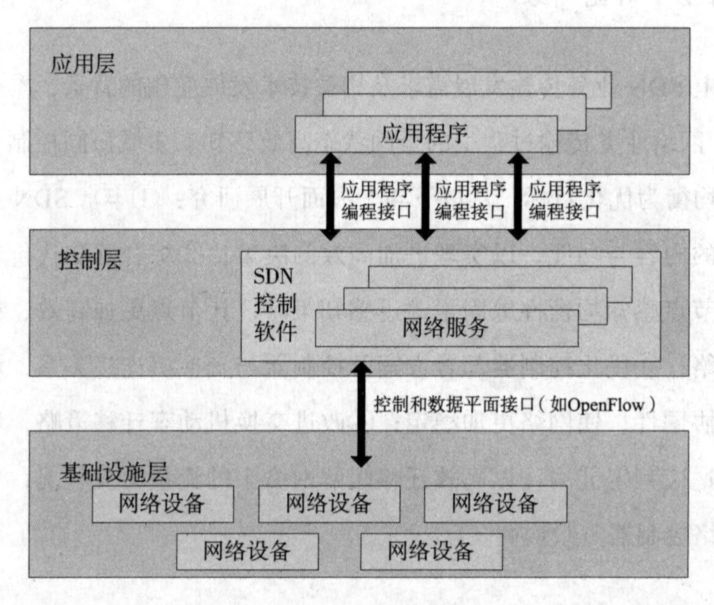

图 1.1　SDN 网络架构图

应用层由若干 SDN 应用构成，根据网络服务的不同需求，通过控制层的北向接口，发起不同功能的应用任务。这种新型的软件模式，极大地便利了网络管理者，动态地配置、管理和优化底层的网络资源，使网络变得灵活、可控。

控制层即控制平面，处于 SDN 三层架构的中间层，用于联系、连接应用平面与数据平面，提供底层网络的抽象模型，实时获取数据平面的网络事件和网络状态信息，具备开放的网络编程能力，制定并通过南向接口下发数据转发规则。

基础设施层即数据转发层，由一组交换机、路由器和中间件等网络设备组成，完成数据的状态搜集、处理及转发。与传统网络设备的区别在于，它仅是简单的转发设备，没有控制功能的嵌入，无须考虑自主决策。

综上所述，SDN 架构具有以下三大优势[22]。

（1）数据层与控制层完全解耦，用户可以根据自己的需求，通过北向接口灵活编程定制网络，按需实现网络资源利用最大化。

（2）集中式控制，在掌握全网拓扑结构的前提下，能够及时处理数据，同时调整和调度网络资源，优化网络的控制模式。

（3）开放的网络平台，改变了传统网络设备中软硬件捆绑的状况。控制软件独立于硬件设备，软件开发人员可以自由地编写软件，有效降低了硬件成本和网络成本。

SDN 技术的应用，为高效的网络流量管理提供了新的思路、途径和方法，加速了互联网的结构优化、资源配置、功能管理和业务承载的发展，符合未来互联网发展的需求。

2. OpenFlow 体系架构

严格来讲，OpenFlow[23] 是一组协议和 API，而基于 OpenFlow 的 SDN 网络架构是开放式网络基金会推广的标准化 SDN 框架。该框架优化了网络配置方式，增加了网络控制的开放性，目前标准化的 OpenFlow 交换机和南向协议已得到了官方的认可与推广。

OpenFlow 架构主要包括组表、OpenFlow 通道及流表等，如图 1.2 所示。OpenFlow 交换机实现了路由控制与数据转发的解耦，只需负责转发数据报文，而控制器通过 OpenFlow 协议负责控制平面与数据平面的通信，实现对 OpenFlow 交换机中流表的控制。控制器通过该协议下发处理数据流的策略，在流表项中加载数据流匹配的重要规则，若匹配成功则执行流表中的动作。不同于传统网络以数据包为粒度的处理方式，OpenFlow 以数据流为粒度进行网络控制，从网络通信中产生的流量提取共同属性并抽象定义为“流”，数据流通过匹配域，将字段值相同的数据包抽象为一类，进而采取相同的网络逻辑控制，提升了网络控制转发的灵活性，且提供了个性化选择。

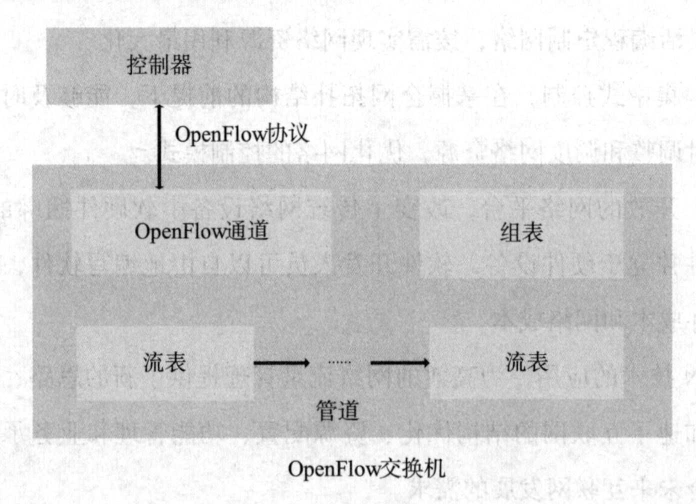

图 1.2　OpenFlow 体系架构图

3. 网络业务状态感知

网络业务状态感知即通过了解不同时间、空间和业务类型中网络节点和网络链路的状态数据，以及计算分析并全面刻画网络业务中流量的时间和空间分布、节点和集链路性能、瓶颈节点位置等，来感知网络环境的优劣。作为了解和管理网络环境的重要依据，网络业务状态感知主要通过网络业务数据采集来实现。而数据采集作为一种获取信息的途径，早已广泛应用于军事、医疗、工业、农业等多个生产生活领域[24–26]。近年来，由于云计算、深度学习及区块链等技术的井喷式发展，数据存储、传播、分析、计算和共享的能力得到了前所未有的提升，这对感知网络拓扑[27]、流量可视[28]、网络故障排除[29]、网络路由优化[30–31]等起到了巨大的作用。然而，传统网络中的基于网络感知的数据采集方法局限性较强，主要表现在由于网络策略固化引发的感知实时性差，由于控制域协同性差引发的任务完成率低和由于网络设备僵化引发的灵活性差等方面。

SDN 技术的发展和应用，使网络呈现逻辑集中管控和开放编程的特性。管理员能够在此基础上，依据需求不受限制地定制和变更网络感知策略，从而有效提升了网络状态感知的能力。

4. SDN 控制器架构及多域协同部署

SDN 控制平面的核心组件是控制器，相当于网络的“大脑”，用于连接上层应用和底层数据转发，从而实现控制平面的管控功能，其实质是一个由软件系统抽象而成的网络架构[32]。开发人员无须关心底层的具体实现，只需结合上层网络应用需求来管控网络并处理业务。控制器主要分为网络基础服务层和基本功能层两个层面，其功能如下：依据框架标准提供北向编程接口；自上而下解决网络业务及跨越物理和虚拟化基础设施间端到端的服务与编排；为被管理的资源、策略及控制器与其他服务间的关系建立数据模型；对设备、拓扑和服务建立发现机制，负责南向接口协议与网元设备通信；管理与维护网络状态，包括路径计算、状态维持和拓扑结构等。在控制器的管控下，管理者对全网交换机实现逻辑集中控制、网络数据快速转发，这使网络管理便捷、安全，显著提升了网络的整体性能。

当前，基于 OpenFlow 的主流控制器平台主要有 NOX[33]、Onix[34]、Floodlight[35]、OpenDaylight[36]、ONos[37] 等。其中，Onix 框架包括控制逻辑、Onix、连接基础设施和物理网络基础设施四个部分，支持 OpenFlow 扩展协议，具备拓扑结构和路径转发管理等多种网络服务能力；OpenDaylight 源自设备提供商，是一个支持 SDN 的网络编程平台，其模块化的框架结构、插件式的加载安装方式，能够提供基本的网络服务及一些附加的网络服务，灵活性较强；ONos 则来自服务提供商的设计，采用分布式核心架构平台，具有可用性高、扩展性强等良好的性能，可实现运营商级别的 SDN 控制平面。

在 SDN 设计之初，研究人员仅采用单个控制器管控全网，但随着网络规模的不断扩张和网络业务需求的激增，单个控制器不能满足网络高效、可靠的管控，出现了单点失效、处理能力不足、控制响应延迟等众多问题。为解决上述问题，研究人员从设计多线程控制器和下放部分控制功能至交换机两个方面着手，以减轻控制器处理压力，提出了 Define[38]、DevoFlow[39]、Beacon[40]、Maestro[41] 等方案。然而，上述经过验证均无法从根本上解决问题，其中下放控制功能的思路违背了 SDN 集中式控制思想，而多线程思路则不能有效应对 SDN 中控制器的可扩展性和可靠性问题。

由此，分布式多控制器部署方案应运而生。现有方案大致可分为两类：扁平化部署和垂直化部署。扁平化部署（图 1.3）指把网络划分为多个子域，各子域内均设置一个具有本地网络视图的可以管控的控制器。这些控制器的地位平等，通过东西向接口进行信息交换以获得全网视图。典型的部署方案有 HyperFlow[42] 和 Onix。而垂直化部署方案中，控制器间不再是平等状态，而采取层次化管理，如图 1.4 所示。控制层由根控制器和域控制器两部分组成，位于最上层的是根控制器，负责域的管理控制；而处于下层的是域控制器，用来运行本地控制策略并管理本域内的交换机，域控制器之间不进行通信。垂直化部署减少了控制器间的通信开销，提升了控制资源的利用率。典型的部署方案有 Kandoo[43] 架构。

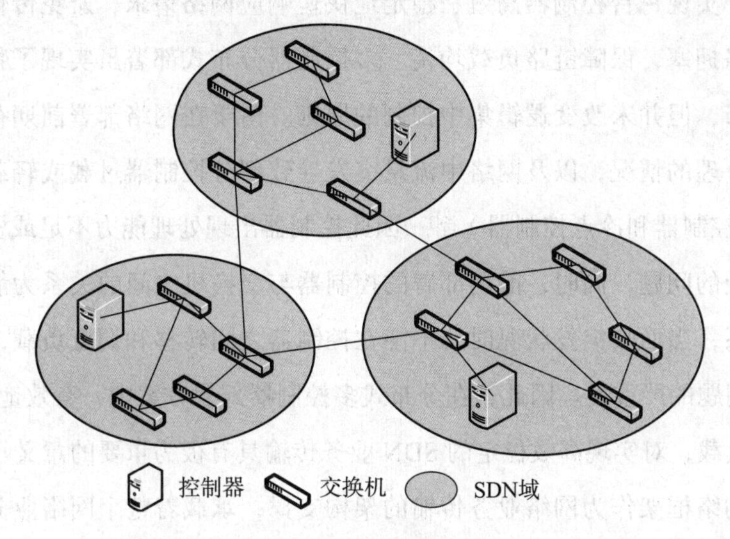

图 1.3　扁平化部署示意图

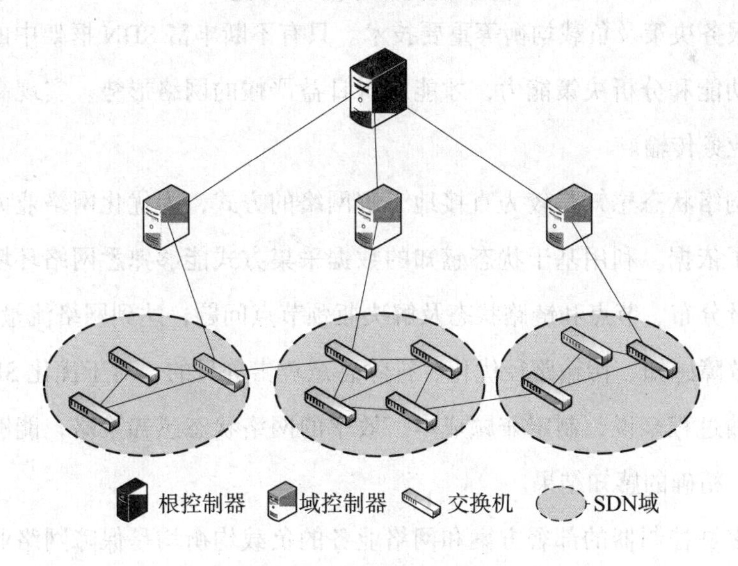

图 1.4　垂直化部署示意图

5. 控制器负载均衡

控制器负载均衡技术的核心思想是平均分配用户的请求至多台控制器，实现每台控制器高效、稳定地快速响应网络请求，避免传输时延与网络拥塞，保障链路负载均衡。多控制器分布式部署虽实现了物理上的分布，但并未改变逻辑集中控制的原则。由于在网络部署前期存在部署不合理的情况，以及网络中流量突发导致部分控制器过载或轻载现象（热点控制器和冷点控制器）[44]，因此控制器出现处理能力不足或资源利用率低的问题。同时，前期部署的控制器与交换机之间的关系为静态连接关系，当面临突发状况时，不能在控制器之间转移和调度负载，这加剧了问题的严重性。因此，在分布式多控制器部署方案中，有效地分配、调控负载，对实现高效稳定的 SDN 业务传输具有极为重要的意义。

网络框架作为网络业务传输的架构支撑，承载着整个网络业务传输的总体方案。框架需涵盖整个传输过程中的网络状态感知、传输路径选择、服务决策及负载均衡等重要技术。只有不断丰富 SDN 框架中的管理控制功能和分析决策能力，才能应对日益严峻的网络形势，实现高效的网络业务传输。

网络状态感知是较为直接地了解网络的方式，为优化网络业务传输提供了依据。利用基于状态感知的数据采集方式能够熟悉网络环境，了解流量分布、节点和链路状态及解决瓶颈节点问题，达到网络流量可视、网络故障感知、传输路径优化、排除恶意攻击等目的。对于优化 SDN 业务传输过程来说，制定兼顾成本、效率的网络状态感知策略，能够获取高效、精确的感知结果。

多域控制器的部署方案和网络业务的负载均衡均是保障网络业务传输质量的重要途径。在 SDN 网络分布式多控制器部署中，合理部署控制器且增强控制器间的协同性，能够优化网络连接关系，增强网络的稳定性。同时，网络业务流量的空间不均匀分布和时间动态变化，极易导致网络负载失衡。如果能及时从过载控制器至轻载控制器迁移交换机，灵活、动态地调整网络流量，则对实现网络业务高效传输意义重大。

1.2 国内外相关研究综述

本节将对SDN框架的演进与优化、SDN网络业务感知、SDN网络协同控制和SDN网络QoS保障等相关研究工作进行介绍。

1.2.1 SDN框架的演进与优化

1. SDN框架的演进

传统网络设备中，控制与数据转发功能紧紧捆绑在一起，致使网络设备完全封闭且十分笨重，管理运行非常复杂，新技术难以有效、快速地部署。SDN组织基于转发与控制分离的思想提出了改进一般网络设备的ForCES方案。该方案的基本结构如图1.5所示，它通过“ForCES”协议实现信息的控制和转发，其转发面包含标准化的逻辑功能模块，且在模块间的拓扑构造和模块的分属性控制上体现了可编程性。该架构在理论创新和功能建模上推进了网络框架的演进，但没有面向网络进行部署和实践。

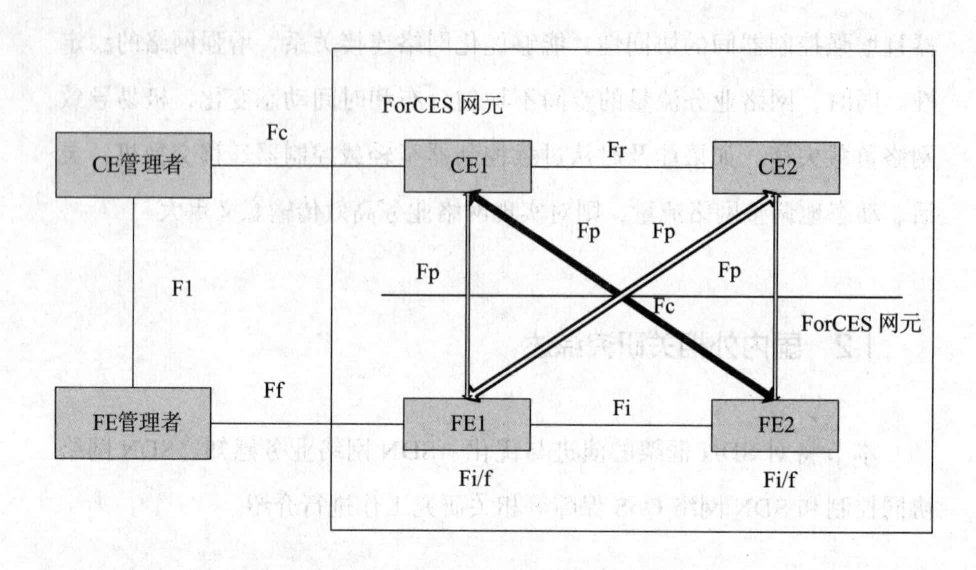

CE—提供控制功能的逻辑实体；FE—处理报文转发的逻辑实体；Fp—CE-FE 接口；Fi—FE-FE 接口；Fr—CE-CE 接口；Fc—CE 管理者和 CE 之间的接口；Ff—FE 管理者和 FE 之间的接口；F1—CE 管理者和 FE 管理者之间的接口；Fi/f—FE 外部接口。

图 1.5 ForCES 架构图

本书采用集中式网络控制和管理的 4D（data, discovery, dissemination, decision）框架，展示了控制、转发分离的思想，由决策、分发、发现和数据四层结构组成，如图 1.6 所示。该框架下决策层将应用层需求直接转换为报文，并下发配置于数据层；分发层是决策层与路由间的可靠通信通道；发现层能够感知网络物理单元，向上提供实时网络状态视图；数据层则在决策层的指令下进行报文转发，配合发现层进行数据的采集和测量，以供决策层进行网络管控。4D 模型的设计促使网络更加健壮和安全。

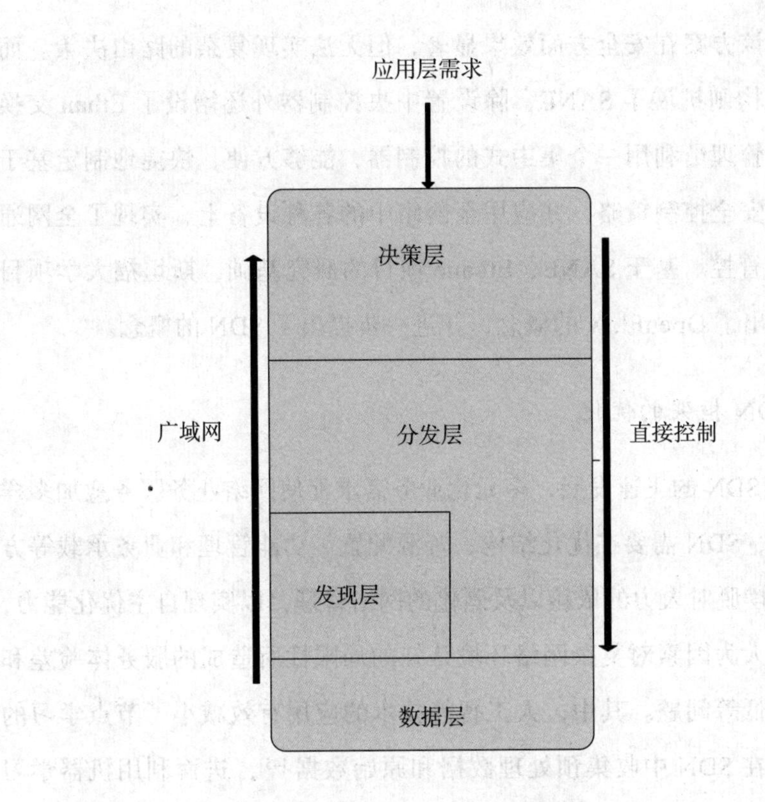

图 1.6 4D 体系架构图

基于自治系统（autonomous system, AS）和逻辑中央平台的边界路由协议（border gateway protocol, BGP）集中管控路由控制平台（routing control platform, RCP），将 AS 域设为部署单位，并设置路由控制服务器，通过集中管控路由及 AS 域内拓扑信息，实现了 AS 域内路由器制定 BGP 路由的决策。与 4D 结构比较，其验证了控制、转发分离思想的可操作性，实现了原型系统，但 RGP 仅实现了集中管控 BGP 路由决策。

由斯坦福大学提出的面向企业网的安全管理架构 SANE，以 4D 架构为基础，由中央控制器（domain controller, DC）实施所有路由和接入决策。该方案在安全方面效果显著，但无法实现复杂的路由决策。而 Ethane 架构则扩展了 SANE，除设置中央控制器外还增设了 Ethan 交换机。网络管理员利用一个集中式的控制器，能够方便、快捷地制定基于网络流的安全控制策略，并应用至网络中的各种设备上，实现了全网通信的安全管控。基于 SANE、Ethane 项目的研究基础，斯坦福大学项目组最终提出了 OpenFlow 的概念，并进一步提出了 SDN 的概念。

2. SDN 框架的优化

随着 SDN 的飞速发展，多元化业务需求促使网络业务服务愈加多样化。同时，SDN 需要在优化结构、资源配置、功能管理和业务承载等方面，逐渐摆脱对人力的依赖以及僵化的网络管理，以实现自主优化能力，从而避免人为因素对复杂网络环境认知的局限性所造成的服务体验差和运营效率低等问题。其中，人工智能技术的应用有效减小了节点学习的复杂度，在 SDN 中收集预处理数据和原始数据 [45]，进而利用机器学习方法将其转化为知识，并利用这些知识进行决策。文献 [46] 考虑到人们对 SDN 控制器智能决策和控制功能的需求与日俱增，将人工智能技术与 SDN 进行了有效融合，提出了一种基于智能 SDN 的系统框架，如图 1.7 所示。该框架设置智能中心。智能中心包括路径选择、关键节点、业务流量预测和数据库等内容，并通过 SDN 控制器收集全网状态信息，为控制器提供智能算法并实现弹性资源的计算。

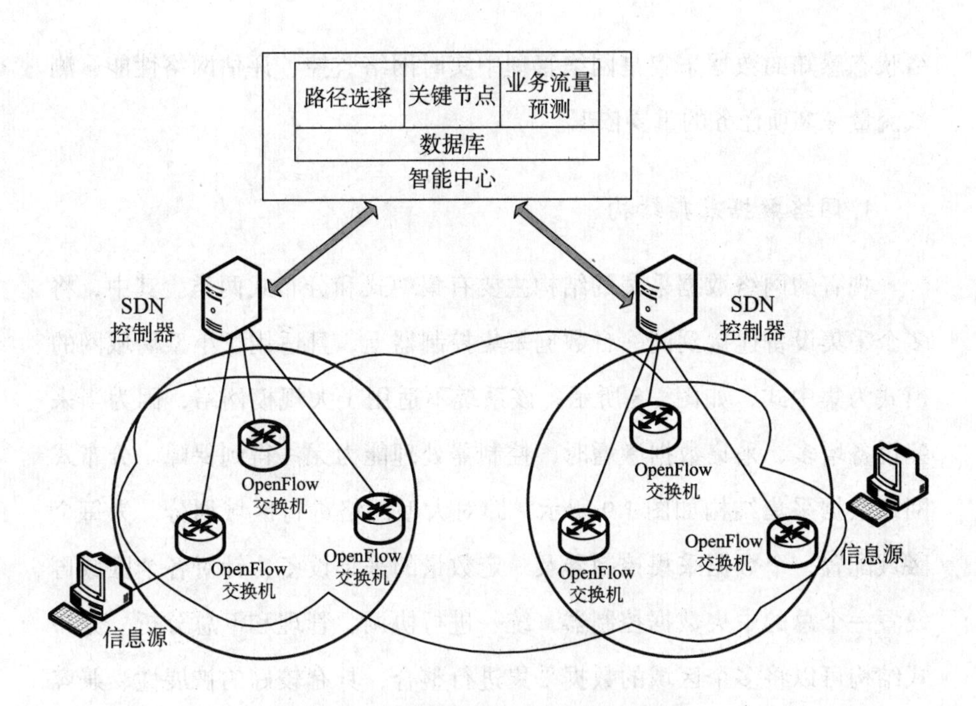

图 1.7　一种基于智能 SDN 的系统框架

文献 [47] 中的知识定义网络（knowledge-defined networking, KDN）提出了知识平面（knowledge plane, KP）的方法，通过机器学习技术（machine learning, ML）[48] 以及感知技术的应用，将自动化、推荐化和智能化等新元素融入 SDN。另外，还有一部分研究人员在人工智能技术 [49] 的应用下，对某一时段内的拥塞数据进行聚类分析，以获取网络拥塞的特征并提取流量规律，通过预测和模拟，将数值用于主动式局部调整或指导其他人工智能（artificial intelligence, AI）驱动，并采用预防性控制方式，优化 SDN 业务流量。

1.2.2　SDN 网络状态感知

网络状态感知主要通过网络数据采集的方式获取全网状态，基于网络状态感知的数据采集是网络管理中实时网络监控、评估网络性能、测试流量等多项任务的重要依据。

1. 网络数据采集结构

现有的网络数据采集的结构主要有集中式和分布式两类。其中，将多个采集设备连接到同一台数据采集控制器上，且适用于小型局域网的模式为集中式，如图 1.8 所示。该系统不适用于大规模网络，因为当采集设备增多、采集数据激增时，控制器处理能力无法得到保障。分布式网络数据采集结构如图 1.9 所示，即对大型网络进行区域划分，为每个区域配置一个数据采集控制器及一定数量的采集设备，针对各个区域再设置一个总的中央数据控制器，统一进行协调、管理和汇总分析。分布式结构可以将多个区域的数据采集进行整合，具有较好的扩展性、兼容性和鲁棒性。

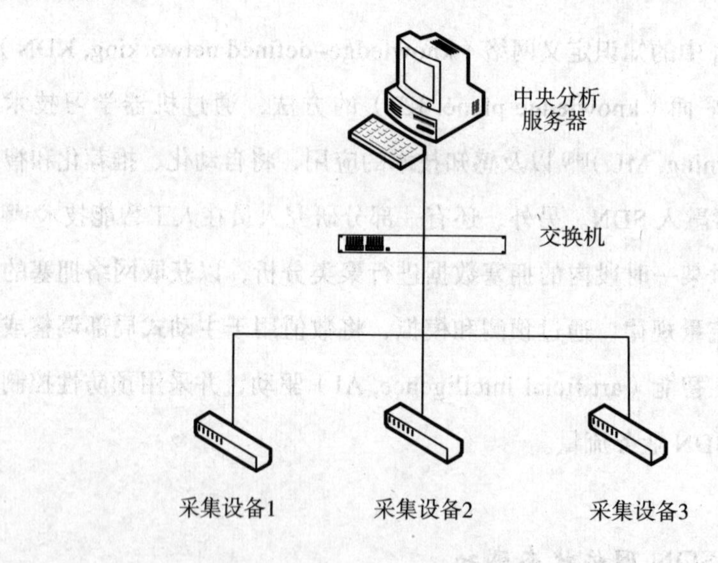

图 1.8　集中式网络数据采集系统示意图

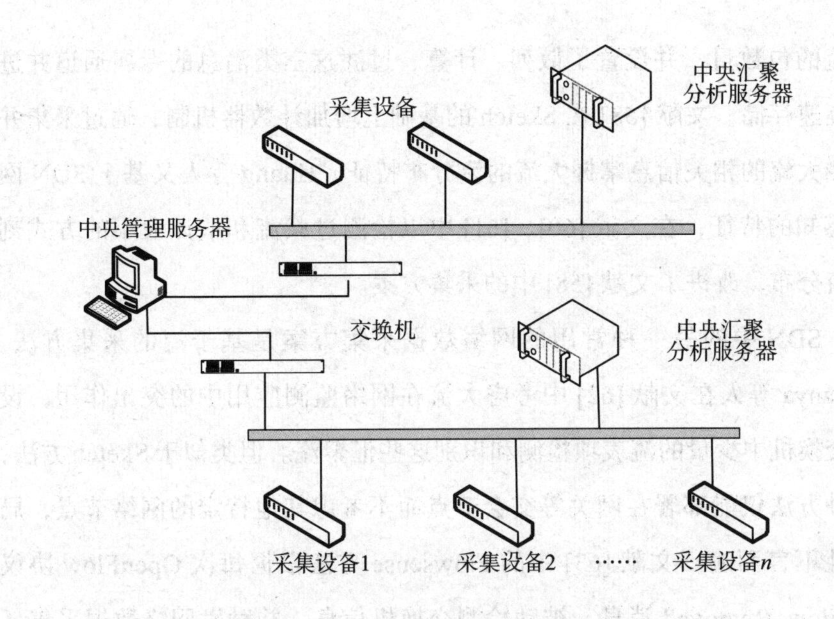

图 1.9 分布式网络数据采集系统示意图

2. 网络数据采集方法

经典的网络数据采集方法主要有 NetFlow[50]、sFlow[51] 等。NetFlow 方案具备交换机数据包采集能力，但严重增加了交换机的资源负担，并随着网络规模的增加愈加明显，尽管后期提出了相应的缓解方案[52-53]，但是与理想效果差距较大。而 sFlow 方法则对流信息采样，虽在采集规模上有一定程度缩减，但当分布式拒绝服务攻击（distributed denial of service, DDoS）发生时，伴随着峰值速率激增，该方法也异常乏力。而 SDN 技术具备数控分离、逻辑集中控制和编程接口开放等特征，为网络数据采集提供了新的发展契机，使网络管理者能够更加灵活、高效地感知网络状态，并管理和配置资源。

有学者提出了基于 Sketch 数据结构[54-59]采集算法的 OpenSketch 数据采集框架。该框架广泛应用于网络数据采集，通过数个散列表记录每个流的包数目，并设置了散列、计算、过滤这三类消息的专属通道并进行高速存储。文献 [58] 在 Sketch 的基础上增加计数器机制，通过采集并检测大流的相关信息掌握大流的流分布特征。Huang 等人又基于 SDN 网络感知的特征，在文献 [60]、[61] 中以检测过载流和估计大小的方式刻画流分布，改进了文献 [58] 中的采集方案。

SDN 中的另一种常用的网络数据采集方案是基于流的采集方法。Lavanya 等人在文献 [62] 中考虑大流在网络监测应用中的突出作用，设置交换机中少量的流表项检测和识别这些汇聚流。但类似于 Sketch 方法，这种方法仅能部署在网关等交会节点而不考虑其他特定的网络节点，局限性不言而喻。文献 [63] 中的 Flowsense 方法根据每次 OpenFlow 协议的 Flow–Removed 消息，被动检测交换机信息，并触发网络数据采集任务，尽管能够获取较为完善的流量数据，但是该方法的网络数据采集面较大，无针对性，不具备大流场景即时采集能力。文献 [64] 和文献 [65] 中提出的两种基于主动测量的网络数据采集方法只实现了粗粒度的流筛选，其流采集频率较高，占用了网络大量的计算和存储资源。

经过验证，上述方案确实有效地完成了一定规模的基于网络状态感知的数据采集任务，然而方法本身存在繁杂、低效、冗余高以及消耗高的缺陷，容易引发感知消耗大、感知节点不均衡、感知数据不完整及效率低等问题，在大规模网络应用场景、感知资源受限的情况以及高维感知任务中难以满足需求。

1.2.3 SDN 网络协同控制

网络规模在海量的网络业务与需求中日益扩张，最初的单个控制器已经无法满足沉重的管控负担。为解决单控制器管控问题，国内外学者给出了一系列解决方案。其中，多控制器部署方案即为给定一个 SDN 拓扑，寻找 N 个最优控制器部署位置的优化方案。

HyperFlow[42] 基于改进控制器软件的角度来提高控制器性能。方案中部署了多台控制器，每台控制器都能够同步全网视图，并只需管理特定区域中的 OpenFlow 交换机，有效解决了控制平面扩展和网络恢复的问题；Onix[34] 部署架构图如图 1.10 所示，它提供了一整套面向大规模网络的分布式 SDN 部署方案，采用基于内存的分布式哈希（DHT）模式维护网络信息库（NIB）中的全局网络视图，为上层应用提供基础分布式的状态原语，利用通用的应用程序编程接口（application programme interference, API）为网络提供可编程能力。该方案解决了控制层的结构扩展问题。

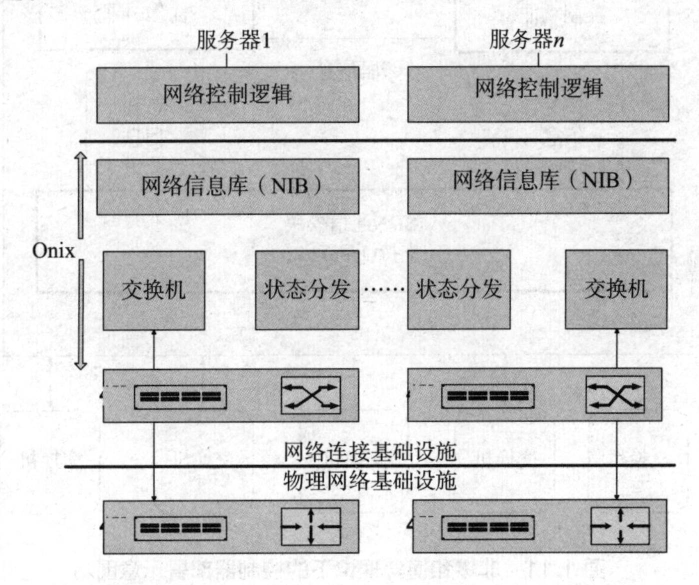

图 1.10　Onix 部署架构图

Heller 等人[66] 首次以控制器时延作为主要性能指标，针对控制器部署问题（controller placement problem, CPP）展开研究。该研究针对特定的 SDN 网络，只考虑控制器部署数量和位置两方面因素，忽略了网络流量的动态性、控制器的部署问题及控制器容量等其他因素。Lange 等人[67] 提出的多种性能指标约束下的启发式框架基于帕累托的最优控制器配置（Pareto-based optimal controller placement, POCO），考虑了时延限制量、失效容忍度及负载均衡度等多项性能目标，提升了算法性能和准确性，有效优化了网络配置，但无法适用于大规模网络。Sahoo 等人[68] 针对网络延时问题，提出了基于模拟退火算法的优化方案，但并未考虑控制器负载问题。Rath 等人[69] 则从网络负载均衡的角度出发，制定了非零和博弈理论下的动态放置策略，如图 1.11 所示，但该方案并未设置控制器在网络中的初始位置。

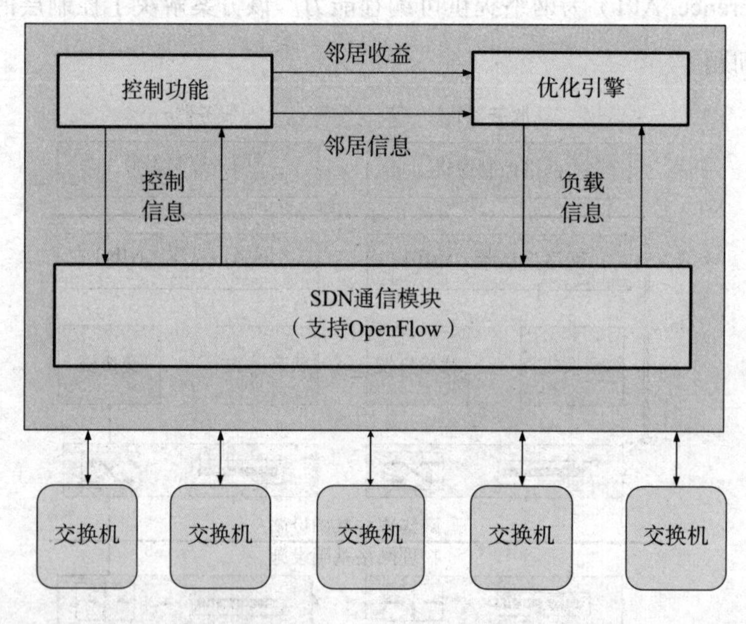

图 1.11　非零和博弈理论下的控制器部署示意图

1.2.4　SDN 网络 QoS 保障

通过迁移交换机来及时调整控制器负载，保证业务传输的 QoS 具有较强的适应性。此方法广受国内外研究人员的青睐。在分布式多控制器架构下，控制器出现了“主”“从”之分，网络中一个交换机只归属于一个“主”控制器，但可以设置多个“从”控制器，以实现备份，从而应对控制器发生故障或受到攻击的情况，提高了控制平面的可靠性且保障了网络流量传输的稳定性。但在网络环境中，流量会出现短时激增或瞬减，并受时间和空间的约束，此时可通过将交换机从高负载控制器迁移至低负载控制器，动态实现网络流量的负载均衡。同时，研究人员发现 OpenFlow1.3[70] 协议不仅能够大大增强网络灵活性并实现动态关联交换机和控制器，还为交换机动态迁移带来了技术支撑。在众多研究方案中，ElastiCon[71] 是第一个弹性分布式控制平面（图 1.12）。它充分考虑了 SDN 网络流量在空间上的不均匀分布性及时间上动态变化的特征，依据网络流量的实时分布，弹性调整了控制器－交换机间的关联关系。

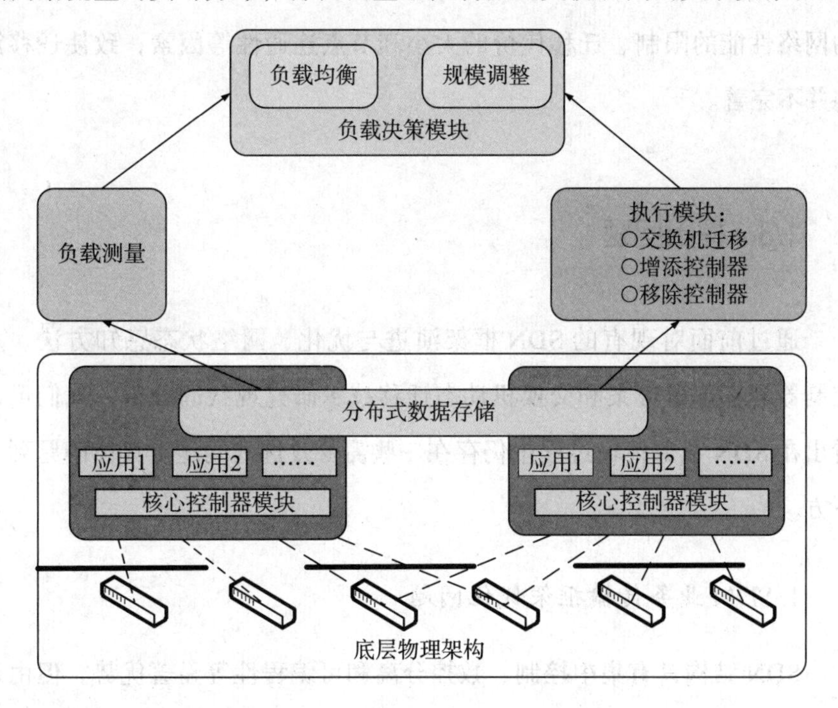

图 1.12　经典 ElastiCon 架构图

Yao 等人 [72] 通过将交换机迁移至资源利用率最低的控制器来均衡负载。尽管该思想突破了原有的局限性，实现了全局搜索，但该思想忽略了交换机与控制器间的通信时延对网络存在的较大影响。Cheng 等人 [73] 基于博弈模型提出了交换机迁移策略。他们假设交换机是商品，当交换机从负载较重的控制器迁出时，轻载控制器与被迁移的交换机竞争，从而建立零和博弈模型。此过程的目的是通过交易博弈使控制器负载收益最大化，促使网络中的控制器达到负载均衡状态。Hu 等人 [74] 基于交换机迁移效率制定了负载均衡方案，该方案未考虑物理链路节点间的连通性对交换机迁移的影响，虽然实现了负载均衡，但是方案存在局限性且性能不佳。

综上所述，现有的通过迁移交换机解决网络控制器负载失衡问题的多数研究方案，均从单个节点的角度出发，并未考虑存在于迁移过程中的网络性能的限制、迁移代价的大小和节点连通性等因素，致使迁移策略并不完善。

1.3 提出问题

通过前面对现有的 SDN 框架演进与优化、网络状态感知方法、多控制器静态部署方案和交换机动态迁移技术研究现状的分析，我们可以看出在 SDN 业务传输过程中仍存在一些需要改进的问题。具体问题列于下方。

1. SDN 业务传输框架优化问题

SDN 结构具有集中控制、数控分离和可编程性等显著优势，但由于

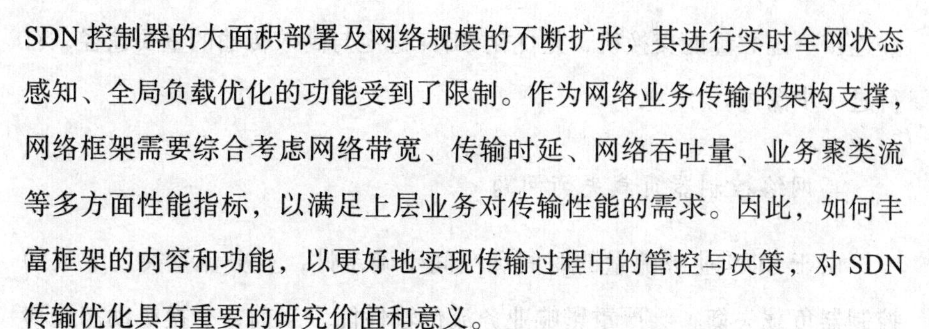

SDN 控制器的大面积部署及网络规模的不断扩张，其进行实时全网状态感知、全局负载优化的功能受到了限制。作为网络业务传输的架构支撑，网络框架需要综合考虑网络带宽、传输时延、网络吞吐量、业务聚类流等多方面性能指标，以满足上层业务对传输性能的需求。因此，如何丰富框架的内容和功能，以更好地实现传输过程中的管控与决策，对 SDN 传输优化具有重要的研究价值和意义。

2. 网络高维业务感知问题

SDN 为高效网络状态感知提供了可能性，然而随着网络业务的多元化发展，业务性能评价指标更加多样化。在一些复杂的感知需求中，感知数据类型多达 20 维，致使现有的感知算法难以同时兼顾感知成本、感知节点参与率及感知数据的全面性和有效性，业务感知率较低。因此，如何在不增加感知设备负担和成本的前提下，考虑感知需求、感知节点能力及感知成本等因素，制定高效的感知策略，降低感知的难度和开销，提升节点感知效率，为 SDN 业务传输优化提供高效、精确的数据依据，尚需深入地研究。

3. SDN 多域业务传输中控制协同性差问题

SDN 控制器是业务传输的核心设备，合理地部署并有效连接交换机，对优化网络业务传输极为重要。而现有的研究方法大多从控制器或交换机的单一状态信息进行考虑，忽略了控制器与控制器、控制器与交换机稳定连接的问题，致使网络存在不稳定及多管理域间业务控制协同性差的问题。因此，如何从控制器和交换机二者稳定映射的角度出发，合理划分 SDN 子域，选取网络中更为优越的位置，部署 SDN 控制器，并连接一定数量的交换机，是优化 SDN 稳定与高效传输的重要途径，有待进一步探讨。

4. 网络控制器负载失衡问题

由于 SDN 业务流量的时间和空间不确定性，业务流量突发导致的控制器负载失衡，会严重影响业务流传输性能。当前，交换机动态迁移是实现 SDN 控制器负载均衡的有效策略。在现有的交换机动态迁移策略中，迁移过程选取的指标较为单一或者方案较为僵化，如有的仅考虑控制器效率，还有的仅适用于某一条件下的网络拓扑结构，致使迁移中极易引发新的网络冲突问题，应用受到了极大的限制。因此，如何细化迁移步骤，完善迁移流程，增强交换机动态迁移的自主性、灵活性和适应性，实现控制器负载均衡，以提升 SDN 业务传输的性能，需要寻求更为完善的策略。

1.4 研究方法与内容结构

本书针对 SDN 业务传输优化，设计了基于群集运动的 SDN 业务传输框架，提出了基于降维与分配的 SDN 业务感知算法、基于近邻情景感知的 SDN 多域协同控制机制及面向 SDN 控制器负载均衡的交换机自适应迁移策略。

本书前 6 章的内容架构如图 1.13 所示。

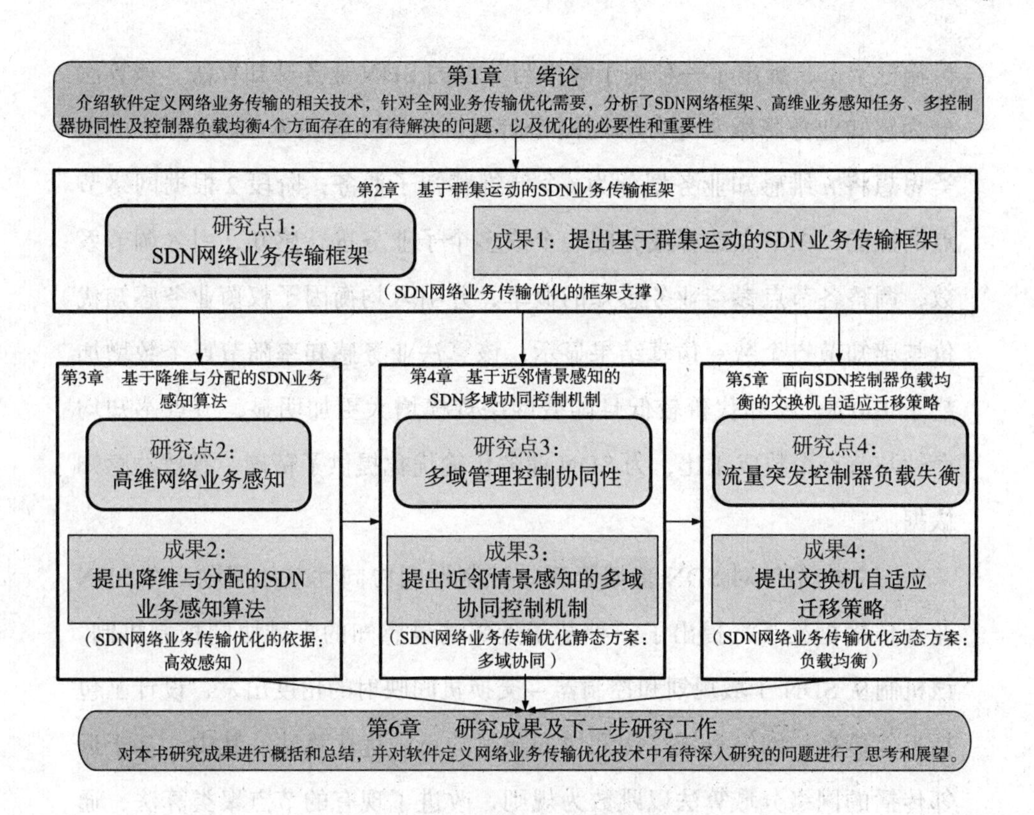

图 1.13　本书前 6 章研究内容架构图

（1）本书针对软件定义网络业务传输优化需求，受生物界群集运动的启发，以实现当前分布式全网状态感知、区域自主协同、全局负载均衡为目标，借鉴群集运动的“个体自主运动、整体协同”的特征，设计了一种基于群集运动的 SDN 网络业务传输框架，定义框架功能模型及相应的数据层、控制层及服务层的功能函数，并详细阐述了实现基于群集运动的 SDN 业务传输框架的关键机制，为实现 SDN 业务传输的高效决策和控制提供了架构支撑。最后，基于 NS3 仿真平台搭建原型系统，验证了该方案的有效性。

（2）本书针对节点难以高效完成高维业务感知的问题，在 SDN 业务传输框架下，提出了一种基于降维与分配的 SDN 业务感知算法。该算法分为感知业务降维和业务分配两个阶段，阶段 1 利用 *k*-center 方法的聚类思想将 *n* 维感知业务划分为 *t* 个低维感知子业务；阶段 2 根据网络节点的性能，由节点选择或分配一个或多个子业务进行感知，引入调节系数，调整各节点参与业务感知的概率，并引入均衡因子权衡业务感知代价与感知节点个数。仿真结果显示，该算法业务感知率随节点个数增加趋于 100%，感知代价较低且随着网络规模增大更加明显，节点感知均衡性与节点个数成正比，为 SDN 业务传输优化提供了精确、有效的感知依据。

（3）本书针对 SDN 多域管理中控制器间协同性差的问题，在 SDN 业务传输框架下，提出了一种基于近邻情景感知的多域协同控制机制。该机制从 SDN 子域规划和控制器 - 交换机间映射的角度出发，设计了包括近邻传播的网络分域算法和协同映射的负载优化算法。其中，基于近邻传播的网络分域算法以跳数为规则，改进了现有的节点聚类算法，通过对网络中节点实施聚类操作，形成 SDN 子域并在聚类中心部署控制器。基于协同映射的负载优化算法，利用协同映射对交换机和控制器进行高效匹配，优化网络连接关系，增强网络稳定性。仿真结果显示，该机制下的控制器负载均衡率至少提高了 26.7%，从静态角度优化了 SDN 业务传输的性能。

（4）本书针对网络流量突发导致的控制器负载失衡问题，在 SDN 业务传输框架下，提出了一种面向 SDN 控制器负载均衡的交换机自适应迁移策略。通过为 SDN 子域内的控制器增加收集与测量模块、评估决策模块及存储模块，实现其自主负载测量，并动态设置控制器过载判定门限值。依据门限值，基于自适应遗传算法认定控制器过载的 SDN 子域为迁出域，而其相邻的最优子域为迁入域，并设置存活期和淘汰机制，最终实现交换机由过载域迁至轻载域。仿真结果显示，与现有的交换机迁移算法相比，迁移效率提升了19.7%，各个子域控制器负载和交换机的数量达到了均衡，从动态角度实现了对SDN业务传输的优化。

1.5 本书的章节安排

本书共7章。第1章为绪论，第2章至第5章具体阐述了本书的研究内容及成果，第6章为研究成果及下一步研究工作，第7章为未来网络体系架构研究热点。其中，前6章研究内容已在1.4有所提及，在此不再赘述，而第7章未来网络体系架构研究热点涉及SDN网络安全研究的内容，是后续相关研究的增补内容，特此介绍。

第 2 章　基于群集运动的 SDN 业务传输框架

SDN 技术改变了传统的网络架构，符合未来网络的发展范式。随着基于 SDN 的网络基础设施（特别是数据中心网络）不断发展壮大，以及各种终端的广泛应用，网络业务呈现海量化和多样化特征，同时用户对于高效、个性的网络服务需求也愈加强烈。为了避免因为复杂网络环境的认知局限性所导致的服务体验差和运营效率低等问题，网络管理趋于摆脱对人力的依赖以及固有的模式。本章源于自然界群集运动的启发，将深入分析集群运动所独有的“自主运动、区域协同”的特征，以全网高效感知、区域协同控制、资源动态适配为目标，设计了一种基于群集运动的 SDN 业务传输框架，为 SDN 业务传输的高效决策和弹性控制提供了架构支撑。

2.1　引言

当前，网络通信技术快速发展，使其在提高社会生产力、推进经济升级转型、创造新的经济增长点和提供就业机会等方面发挥了重要作用。然而，随着网络业务传输需求的逐步增加，传统网络在结构僵化、策略固化等方面的局限性逐渐暴露出来。数据显示，大多数用户对互联网质量体验（quality of experience, QoE）的评价不高。为解决上述问题，流量工程（TE）作为优化网络流量分布、提高网络性能的一种重要机制，得到了广泛应用。该机制能够在不增加现有网络硬件设备的基础上，提升网络设备及链路的利用率，减少网络拥塞，优化网络业务传输。但由于当前的底层网络架构不能够实时反馈网络应用，因此无法在较短的时间段内区分不同的业务类型，以提供适合的特定服务。此外，网络中控制和数据平面紧密耦合且极为复杂，难以实现高效、灵活的网络管理和细粒度的控制。因此，如何提升网络业务传输优化效率是目前研究的重点。

SDN 作为一种新型的开放式网络架构，突破了传统网络框架的局限，分离了网络中的控制层和数据层，并提供了对分布式网络的集中管理和动态维护，为网络业务传输优化提供了新的解决思路。同时，基于 SDN 架构，网络也在优化结构、资源配置、功能管理和业务承载等方面越发突出自主性与智慧化。

本章后续内容安排如下：2.2 节对相关研究工作进行了阐述；2.3 节概述了基于群集运动 SDN 业务传输框架设计；2.4 节对基于群集运动的 SDN 业务传输框架进行了建模；2.5 节阐述了基于群集运动的 SDN 业务传输关键机制；2.6 节是原型验证内容；2.7 节简要总结了本章内容。

2.2 相关研究

SDN 作为一种开放式网络体系，对传统、粗放、简单的网络资源管理和运营模式进行了升级，作为新型网络，其提供了网络业务高效传输的新方案。在 SDN 架构下，人工智能等技术的应用逐渐普及，从而使网络智能化成为可能。现有的研究中，Clark 等人 [47] 通过网络“知识平面”的概念，运用人工智能与感知系统来实现网络的自动化和智能化；Mestres 等人 [75] 提出了知识定义网络的概念，基于机器学习算法，依据 SDN 收集、预处理的数据来动态监测网络状态。同时，为了识别网络拥塞的特征，可以对一段时期内的拥塞数据进行采集聚类分析，从中提取流量规律进行模拟和预测，以实现主动式网络的局部调整或指导其他驱动行为，先验性地控制和优化网络流量，进而利用机器学习的方法将其转化为知识进行决策。还有一些基于 SDN 智能化的研究方案，多是在其控制平面增加弹性控制资源及智能中心等功能模块，以实现更多的智能决策空间，从而对各式网络业务需求提供高质量且具有针对性的个性化服务。可以说，SDN 与智能技术间相互支撑，其框架优势促进了智能技术的应用，减小了因为传统网络日渐庞大而带来的节点学习的复杂度。同时，上述智能技术的融入，使 SDN 中出现了具备一定的计算、存储和通信能力的智能网络节点，提升了其环境感知、资源管理、自适应学习的能力，网络呈现智慧属性，网络智能化成为发展的必然趋势。

然而，分布式 SDN 环境中的控制平面存在可扩展性 [76-77] 问题，且各网络节点存在网络计算、感知能力等性能局限问题，因此难以获取全局角度下的网络视图及实时制定优化流量的决策，网络智能化未能达到预期的效果 [78-79]。另外，广域网络知识的表示组织、知识的传递等问题尚没有得到有效解决。因此，提升分布式 SDN 的智慧化性能，探寻网络资源的智能协同控制方案，是推进网络智能化发展的重点 [80]。

2.3　基于群集运动的 SDN 业务传输框架设计

2.3.1　群集运动的交互协同特征分析

作为普遍存在的一种自然现象，群集运动是指一定数量的自主个体间通过相对简单的局部自组织协作行为，表现出高度的集体意向 [81]，呈现出复杂而有序的协同运动及群体智能特征。该现象多见于编队迁徙的鸟群、结队巡游的鱼群、聚集而生的细菌群落，以及出现在各种场合的人群[82]。群体协作展现了复杂的集体行为，让生物群体在逃避天敌、觅食生存、群体迁徙等方面具备了单独个体难以实现的优势。

图 2.1（a）为沙丁鱼的群集运动现象。沙丁鱼个体能够通过感知水流、温度、邻居状态等外界环境变化及时调整个体行为，以适应群体形态的变化，即使面临各种威胁，也能保持大规模有序的群体运动。图 2.1（b）中的椋鸟的群集运动现象[83]，展示了成千上万只椋鸟结队的集体行动。椋鸟在感知周边环境后规律性地汇集、散开，在觅食和迁移过程中，少数个体也能引导整个群集步调一致地行动。

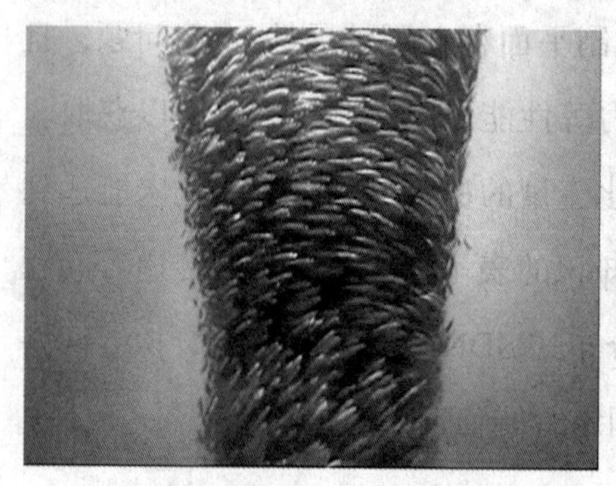

（a）沙丁鱼的群集运动现象

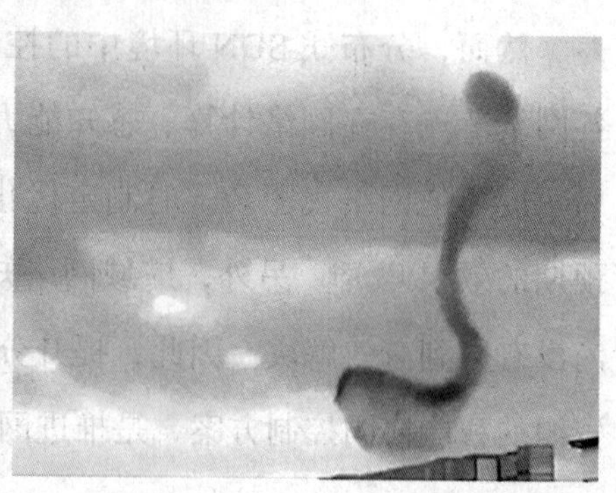

（b）椋鸟的群集运动现象

图 2.1　典型群集运动现象示例

自然界的群集运动表现出高度有序的交互协同，一方面基于群集系统具有“个体交互 + 通信拓扑”[84]的结构特点，即群体中的每个个体都按照相同或相似的规则进行简单运动，尽管大多都与群体运动行为或目标无直接关系，但由于个体具备一定程度的自主运动控制、局部范围感知、处理信息和通信等能力，个体间通过不断相互交换局部信息，来调整自身行为状态。同时，在个体感知区域或通信范围中，无论邻伴进入还是离开其感知范围，都能及时地改变相互间的关联特性，并由局部到整体改变全局拓扑结构。另一方面，群体运动的种种迹象表明，由于个体行为的规则和局部信息交互产生了群集系统的宏观运动行为，即群集中的个体间简单的关联合作，涌现出自组织运动，并通过这种自组织行为，有效实现全局有序的收敛、聚集、结队，从而避免了“撞击、踩踏”等现象的发生。

群体系统协调控制是为了实现期望目标而形成的整体运动。例如，鸟类按预期的方向和速率，有效地完成躲避攻击、寻找食物、长途迁徙等任务。然而，若群集中的个体完全独立自主，则在获取邻居状态、执行运动决策时会受到视线的遮蔽、个体处理信息的能力等因素的影响，存在一定程度上的行为决策随机性、动作执行误差性等问题。因而，面对突发情况（如躲避外来攻击）时，在个体间交互的基础上，需要设定特殊的、有针对性的、具有强烈“需求”的基于个体的规则，去引导群体完成任务。

群集运动中较为显著的特征即大量个体能够时刻保持运动的协调一致性，这通常基于结队运行实现。结队运行基于“速度”平均的群集（speed average cohesion, SAC）模型，采用离散化分析方式实现。假设一个群体包含了 M 个个体，每一个个体的平均运动速率为 v。单个个体 p 在时刻 t 所处的位置记为 $\overline{\boldsymbol{l}_p}(t)$，运动矢量方向为 $\overline{\boldsymbol{d}_p}(t)$，则在 $t+\Delta t$ 时刻个体 p 的状态为

$$\overline{\boldsymbol{d}_p}(t+\Delta t)=\mathrm{rand}\left[\overline{\boldsymbol{f}_p}(t+\Delta t)\right] \tag{2.1}$$

$$\overline{\boldsymbol{l}_p}(t+\Delta t)=\overline{\boldsymbol{l}_p}(t)+\overline{\boldsymbol{d}_p}(t+\Delta t)v\Delta t \tag{2.2}$$

式中，$\overline{\boldsymbol{f}_p}(t+\Delta t)$ 为在 $t+\Delta t$ 时刻个体 p 的期望矢量方向；随机函数 rand(*) 为引入的干扰，具有一定的随机性。同时，对每个个体的感知区间进行圆形层次化划分，即可分为相斥区、成队区和吸引区，它们是 3 个互相不重叠的部分，如图 2.2 所示。相斥区的优先级最高，在该区出

现的运动个体仅会避撞运动，用于激活个体。否则，在成队区和吸引区的个体产生运动，且同时生效。个体与在成队区中的个体运动方向趋向一致，同时向吸引区的个体运动。此时，该运动的特征可以表示为

$$\overline{f_p}(t+\Delta t)=\begin{cases}-\sum\limits_{q\in M_p^a}\dfrac{\overline{l_{pq}}(t)}{\left\|\overline{l_{pq}}(t)\right\|}, & M_p^a\neq\varnothing\\ \sum\limits_{q\in M_p^b}\dfrac{\overline{l_{pq}}(t)}{\left\|\overline{l_{pq}}(t)\right\|}+\sum\limits_{q\in M_p^c}\dfrac{\overline{l_{pq}}(t)}{\left\|\overline{l_{pq}}(t)\right\|}, & M_p^a\neq\varnothing\end{cases} \tag{2.3}$$

式中，$\overline{l_{pq}}(t)=\overline{l_q}(t)-\overline{l_p}(t)$；$M_p^a$、$M_p^b$ 和 M_p^c 分别为出现在相斥区、成队区和吸引区中的运动个体集合。

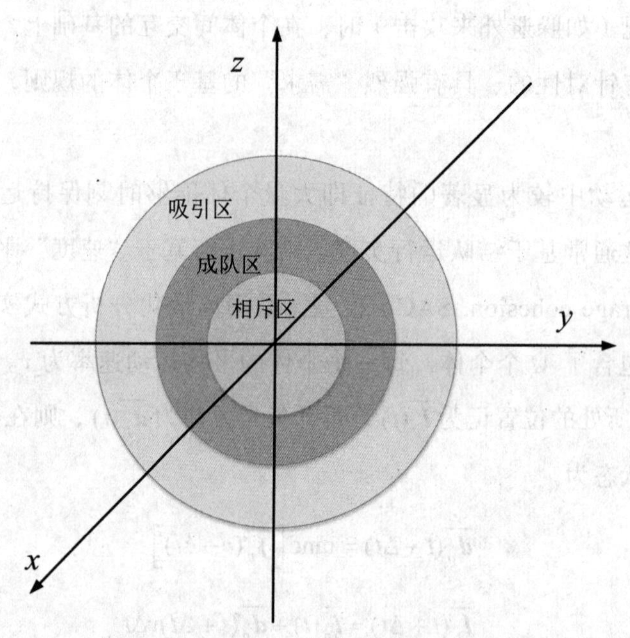

图 2.2 群集运动模式

目前，人们对群集运动进行了初步探索和认知，使蚁群算法 [85]、烟花算法 [86] 等群集智能算法 [87] 在网络数据采集、自适应路由等技术方面得到应用 [88-89]。如果将群集运动的模式引入分布式 SDN 网络，提升节

点之间的简单协作能力和节点的自我优化能力，就会改善运营效率低、服务体验差等问题[90–92]，提升网络资源利用率，实现高效的 SDN 业务传输。

2.3.2　基于群集运动的 SDN 业务传输框架

群集运动作为高度协调且有序的集体运动模式，具备以下 4 个显著特性。

（1）相邻的个体间进行信息交互并依据相邻的个体状态自主变化，最终呈现群体形态的变化。

（2）个体均具备感知、决策与执行等基本智能属性。

（3）群体不受个体资源和智能制约，能够全局、有序地收敛，从而避免“撞击、踩踏”等现象的出现。

（4）个体以几何级规模或爆炸式传递速度向邻域传递状态改变信息，以实现群体的快速收敛。

群集运动的行为特征为网络智慧化发展带来了重要启示，即在分布式网络中引入群集运动模式，在网络节点间建立简单、可靠的协作机制，增强网络节点的自主决策能力，实现互联网面向泛在网络场景下的拓扑结构、资源配置、功能管理和业务运行等方面的自主优化功能。

因此，基于群集运动的特征，将群集运动应用到互联网需要具备以下 3 个条件。

（1）网络节点具有基本的智能属性，即感知、决策与执行等能力。

（2）网络节点间的信息互通有无，并在信息交互的基础上自主决策。

（3）整个网络形成一致性规则，且节点的状态在时空演化中始终趋于一致。

互联网本身就是由具备基本智能属性（计算与存储智能）的节点构成的分布式系统，因此具备了实现群集运动智能的基础。而 SDN 技术的发展又在感知基础上为节点的关联协作奠定了坚实的基础。基于知识定义网络的框架更为群集运动应用到网络领域提供了参考架构。

综上所述，基于群集运动的智能特征，将知识平面引入 SDN 架构的 3 个平面，本书提出了一种基于群集运动的 SDN 业务传输框架，如图 2.3 所示。该框架充分体现群集运动的“个体自主运动、群体智能协同”特征，实现了该框架下的感知执行、拟合决策、协作优化等功能，将网络服务需求实例化，并向下逐层适配，以实现网络业务资源细粒度划分的过程。框架中的节点具备自主建模和推理决策的能力，能够利用机器学习等方法将网络运行过程中的数据转化为自主决策的依据。而控制平面和管理平面则通过学习网络节点的行为，获取丰富的网络视图及数据信息，并通过智能协同来执行策略，实现自动化运维操作，从而高效管控整个网络，优化 SDN 业务传输技术。

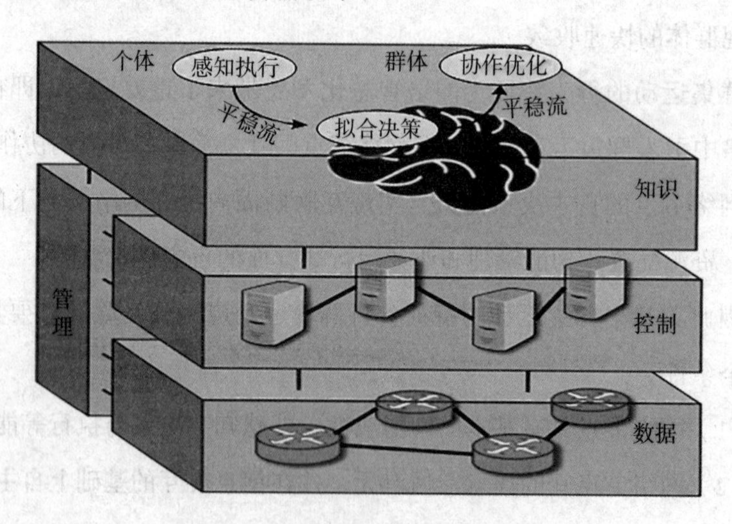

图 2.3　基于群集运动的 SDN 业务传输框架图

2.4　基于群集运动的 SDN 业务传输建模

2.4.1　框架模型

基于群集运动的网络业务传输框架是建立在软件定义网络架构基础之上的，由业务需求自上向下逐层进行功能适配，最终实现网络业务资源细粒度组合和映射的过程。

图 2.4 给出了基于群集运动的 SDN 业务传输模型。该模型展示了 SDN 的服务层、控制层及数据层，分别实现了功能适配。其中，各层的特点如下。

（1）服务层：将业务与服务适配。基于群集运动的 SDN 框架，服务层设计了动态编排服务、自适应业务承载等机制，可满足多样化、个性化的用户业务需求。

（2）控制层：将服务与路由适配。基于群集运动的路由配置，控制层设计了互联互通和按需切换等机制，实现了个性化业务服务质量和网络动态行为特征的优化。

（3）数据层：将路由与资源适配。数据层定义了底层网络的拓扑、协议、接口等内容，将路由功能精细化，并映射为可定义的网络资源组合。

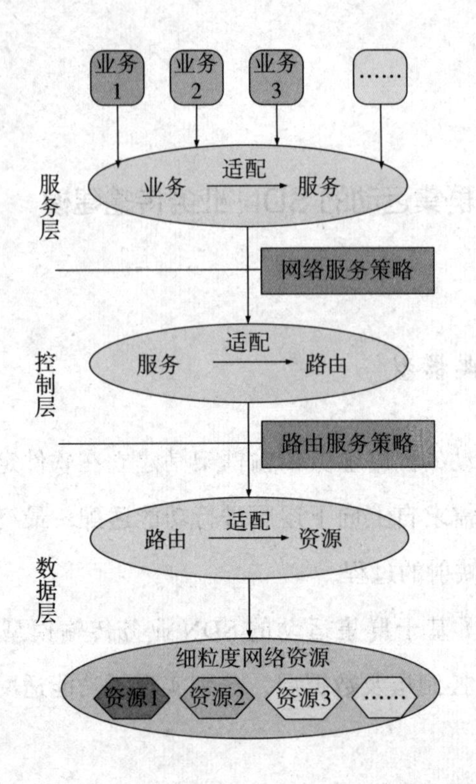

图 2.4　基于群集运动的 SDN 业务传输模型图

2.4.2　框架功能

数据层在原有数据转发功能的基础上与资源适配，定义了节点状态信息、资源服务能力。相关参数定义见表 2.1 所列。

表2.1　框架功能定义中的相关参数及说明

网络参数	说明
n_i	网络中的物理节点

续表

网络参数	说明
N	物理节点集合
l	信息类型
$f_l^{n_i}$	节点状态信息
$s=\{s_1,s_2,\cdots,s_I\}$	资源服务能力
$E=\{E_1,E_2,\cdots,E_K\}$	可实现功能实例

由表 2.1 可知，在节点 n_i 上，如果信息类型为 l，则节点状态信息可定义为 $F=\{f_1^{n_i},f_2^{n_i},\cdots,f_l^{n_i}\}$，其中包含了节点的位置、类型、任务率、差错率等信息。而资源服务能力 s 涵盖了节点对信息的计算、存储及传输能力。经过适配，可实现服务功能，实例为

$$E_K=s\left(f_l^{n_i}\right) \tag{2.4}$$

对于其服务路径 P 来讲，第 x 个服务节点实施于物理节点 $n_i\in N$ 上，可定义为

$$d_x^{n_i}=\left\{d_1^{n_1},d_2^{n_2},\cdots,d_X^{n_i}\right\} \tag{2.5}$$

式（2.5）通过数据层的功能映射函数 $\mathbb{Z}(\bullet)$ 映射成为数据层与网络资源适配的细粒度划分资源 D：

$$D\triangleq\mathbb{Z}\left(d_x^{n_i}\,|F,S\right),\forall i\neq l,n\neq n_l \tag{2.6}$$

功能模块如图 2.5 所示。

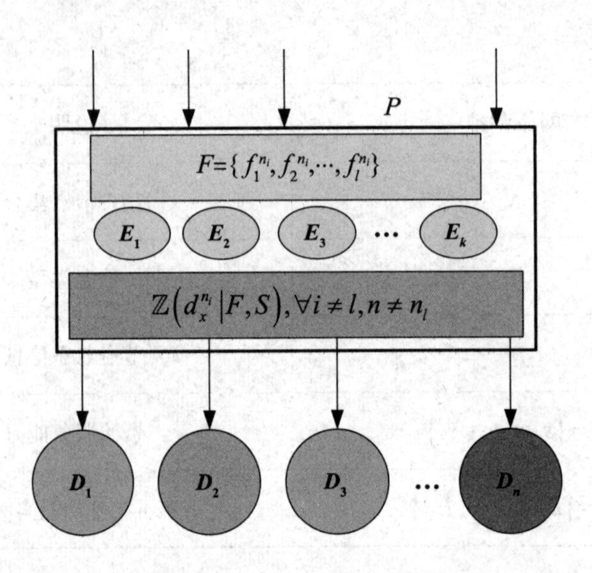

图 2.5　数据层的功能模块示意图

控制层主要负责实现基于群集运动的路由控制等功能，向上承载服务层，向下控制数据层。控制层将实际应用中复杂的路由服务进行抽象归纳，识别业务需求类型和服务质量等要求，在网络寻址路由空间进行路由建模，以应对服务层不同的业务需求、服务类别、安全要求等，在各种网络状态中自适应智能切换。网络路由特征（network routing features, NRF）由路由寻址方式 rd、路由算法 ra、稳定性 st 等内容组成，则

$$\mathrm{NRF}=\left(\mathrm{rd}_l,\mathrm{ra}_l,\mathrm{st}_l,\cdots\right) \tag{2.7}$$

服务路径建立之后，传输将持续受网络感知功能的监测，及时计算、调整约束条件以满足应用的路由需求。简而言之，控制层将服务层的服务需求与控制层路由服务能力适配成策略，通过控制层的功能映射函数 $\mathbb{R}(\bullet)$ 映射，得到服务传输路径并下发至控制层：

$$P\triangleq\mathbb{R}\left(F,\delta_l,\lambda_l,\cdots\middle|\mathrm{NRF}\right) \tag{2.8}$$

其中，δ点表示时延，λ_l表示抖动限制性能指标，功能模块如图 2.6 所示。

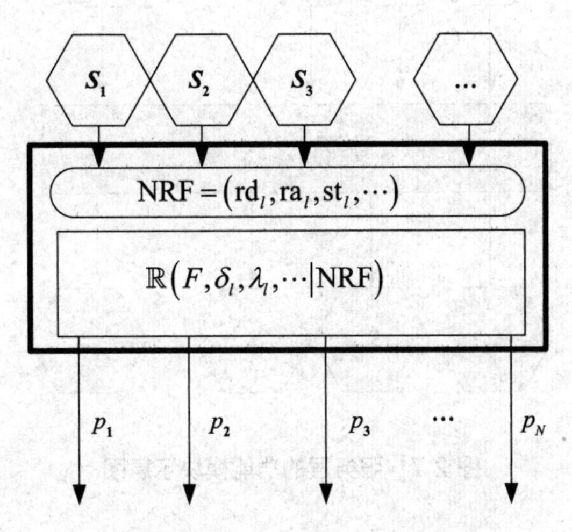

图 2.6　控制层的功能模块示意图

服务层将业务需求与网络服务进行适配，将用户网络业务需求抽象并建模，根据业务的指标和期望值等详细规划业务，并在动态编排和自适应机制下，最终实现业务需求到智慧化服务方案的映射。业务需求模型中主要有业务类型参数 T_{m} 和业务期望 E_{m} 两类指标：

$$M=(T_{\mathrm{m}},E_{\mathrm{m}}) \tag{2.9}$$

其中，业务类型参数 $T_{\mathrm{m}}=\{s_{\mathrm{m}},o_{\mathrm{m}},g_{\mathrm{m}}\}$，集合中 s_{m} 表示源节点，o_{m} 表示目的节点，g_{m} 表示业务的等级。

由此，服务层的服务模型中含有所有的服务性能指标及必要的特定需求，通过服务层的功能映射函数 $\mathbb{Q}(\bullet)$ 映射可得服务模型：

$$S\triangleq\mathbb{Q}(T_{\mathrm{m}},E_{\mathrm{m}}) \tag{2.10}$$

功能模块如图 2.7 所示。

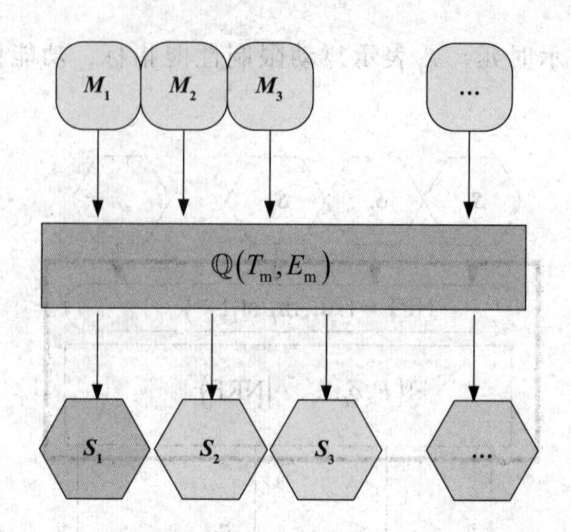

图 2.7　服务层的功能模块示意图

2.5　基于群集运动的 SDN 业务传输关键机制

2.5.1　状态感知

1. 抽象与建模

（1）对感知对象进行形式化描述。如果需要描述特定情景片段的网络资源容量限制和业务分布状态，则对资源感知对象和业务感知对象定制描述形式。其中，资源感知对象需描述网络中当前的资源使用情况，包括各网元的功能、计算、存储和传输等内容。在功能方面，需要说明该网元能够实现的具体功能，从而将网元划分为一个或多个功能单元，再做进一步的详细描述；在计算方面，需要将网元节点的处理器分配给各功能单元，详细表述各功能单元的计算能力和当前的计算负载；在存储方面，需要将网元节点的存储器分配给各功能单元，并从存储容量和存储状态两个角度对功能单元进行描述；在传输方面，需要描述每个功能单元与其他具有协同处理数据包功能的单元之间的拓扑关系以及上下行带宽。

业务感知对象应能够描述网络中当前的业务分布和需求情况，将其描述为具有时空关联特征的若干个状态相对稳定的暂态分量，并依据网络中应用的流量特征进行业务划分，从而将实时、准确和完备描述的业务向量特征作为网络进行一致性通告传递和情景拟合的前提。描述内容包括网络中各业务的种类、分布、资源需求、性能指标等。其中，在业务种类方面，需要将同类业务进行合并以降低感知数据的维度，并按业务类型进一步细化；在业务分布方面，需要分别描述各类业务的分布位置，也需要描述同类业务的时空关联特征；在资源需求方面，需要在计算能力需求、存储空间需求和上下行带宽需求等方面进行描述；在性能指标方面，需要根据不同业务的特点，描述绝对响应速度、丢包、包误差、延迟、抖动等性能要求。

（2）为感知对象与感知动作建立映射。在统一建立感知对象描述后，需要通过进一步研究感知对象的获取方式，将感知语义转化为底层物理网络的具体感知动作，以实现灵活、深度、实时、准确的感知。宏观来讲，感知动作可分为主动探测和被动触发两类，主动探测指网元周期性地对感知对象进行采样，不论采样对象是否存在、是否变化；被动探测是指网元在多数情况下不需要行动，只有当感知对象出现或发生变化时才触发感知动作，直至感知对象消失或保持平稳状态时结束。针对网络中资源的实时变化，资源感知对象多采用主动探测方式，而业务感知对象则采用被动触发方式。

具体来讲，感知动作主要包括读取节点信息、数据包采样、计数等，每种感知动作采用不同的处理方式即可实现对感知对象的获取，从感知对象的分类角度可将感知动作分为以下 4 类。

①读取网元节点信息，即网元能够实现的具体功能、各功能单元的计算能力和当前计算负载、存储容量和存储状态等。

②保活数据包采样，用于判断任意节点间的连通关系，构建网络拓扑，并进一步获得各功能单元的拓扑关系以及上下行带宽。

③链路数据包计数，用于统计单位时间内的链路流量，生成各链路带宽的使用情况。

④业务数据包采样，在业务报文中分别读取业务感知对象的资源需求和性能指标，并根据该业务的时空特性，更新业务分布模型和时空关联特征。

（3）构建资源分布与业务分布模型。资源分布模型对网络资源进行通用化的抽象建模，描述网元节点及包含的各种功能资源，明确每个节点所支持的功能和局限。资源分布模型包含以下 4 部分信息。

①在逻辑上分离的不同功能单元，如读取目标 IP 地址、添加 IP 包头形成报文等独立功能。

②每个功能单元与其他具有协同处理数据包功能单元之间的拓扑关系以及上下行带宽。

③描述不同功能单元的配置状态，如各种表项，包括静、动态路由表、MAC 地址表、协议分类表等。

④描述不同功能单元的能力容量，如功能单元的版本号、处理能力的可选特性和其他额外约束等。

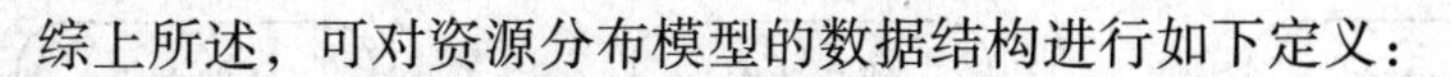

综上所述，可对资源分布模型的数据结构进行如下定义：

S=< 网元名称，支持功能，拓扑关系，配置状态，能力容量 >

业务分布模型是指先将业务分解为若干个状态相对稳定的暂态分量，再分别对每个业务分量进行描述。建立业务分布模型时，我们需要提取和分析网络中应用的特征，并将具有相同内容特征和性能指标的应用划分成同一类业务。业务分布模型主要包含以下 3 部分信息。

①业务分布特征，指业务中的数据报文结构差异所代表的不同业务种类和部署的分布状态，包括应用分布模型和时空关联特征等。

②业务资源需求，指处理和传输业务时需要占用的资源，包括相关功能单元处理器的计算能力、剩余存储空间以及传输链路的带宽等。

③业务性能指标，指业务在经过处理和传输的过程中需要满足的性能要求，包括绝对响应速度、丢包率、包误差、延迟和抖动等指标。

综上所述，可对业务分布模型的数据结构进行如下定义：

S =< 业务类型，分布特征，资源需求，性能指标 >

2. 可定义感知技术

（1）感知内容可定义。网络环境复杂多变，对应的感知对象也复杂多样。网络智能体的感知内容可以随时根据需要进行定义。当环境发生变化时，相应节点的感知动作也可以发生变化，以适应新的情景下的感知对象。网络可感知的内容包括资源感知对象和业务感知对象。如图 2.8 所示，系统为每个网络智能体建立一个感知映射库，将不同的感知任务转化为“感知对象—感知动作—处理方式”的映射关系。

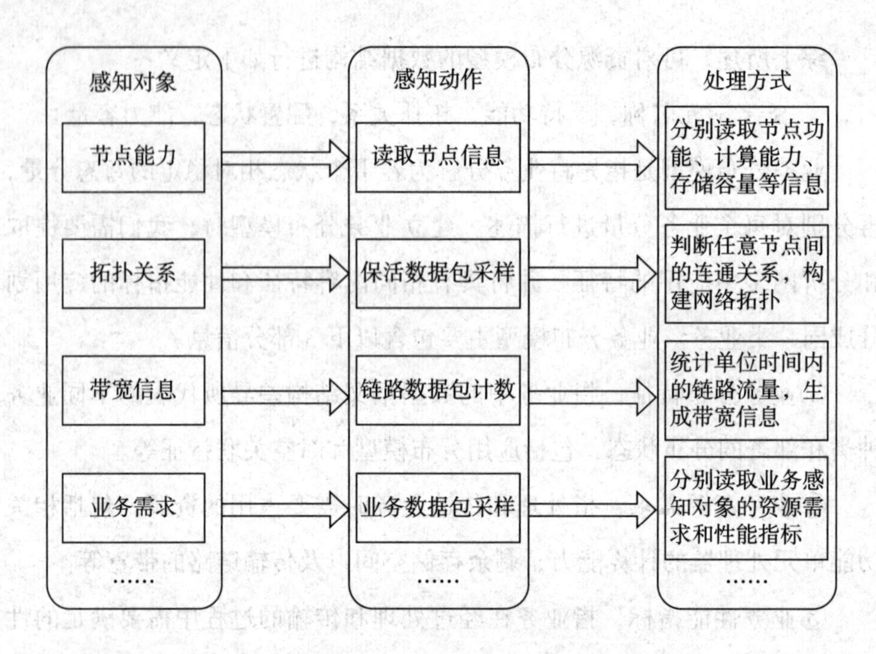

图 2.8　映射关系库示意图

（2）关联规则可定义。在网络中空间位置接近的、感知时间接近的网元节点所采集的感知信息内容具有很大的关联性和重复性，而且空间上或时间上越接近，关联和重复的程度越高。因此，关联规则应依据感知数据的空间相关度、时间相关度进行定义。在得到数据相关度后，网元节点根据关联度的大小将不同时间、不同位置的感知结果进行分类排序，并按照不同的指标和具体需要来定义关联规则。

（3）功能分配可定义。从网络开销的角度来看，实时感知大规模的网络资源将降低网络吞吐量，并影响网络业务的正常传输性能。而智能网元节点将以增量的方式部署在网络中，所以具备感知能力的网络智能体的数量有限，并且感知节点在执行感知动作时会因智能体计算、感知、继承行为产生链路资源的消耗，因此不能无限感知，需要遵循空间全覆盖、时间全覆盖、数量最少、负载均衡等原则。

3. 邻域继承机制

邻域继承机制实现了可控的感知信息传递，为网络状态定义了合理的、清晰的、完整的感知信息格式，以及与相邻网络智能体之间的信息交换流程。智能节点为感知区域内的每个网元都建立了一条资源感知信息，在信息中依次说明该网元节点能够提供的各功能单元名称、与协同处理单元间的拓扑关系、配置状态、响应能力及容量大小。同时，智能节点为感知区域内的每项业务建立了一条业务感知信息，在信息中依次说明该业务在感知区域内的分布特征、处理所需的资源以及传输和处理过程中的性能指标。

需要注意的是，要设定感知信息的发起和结束条件，避免大量感知信息在传递和处理过程中消耗节点和链路资源。根据网络状态关联规则可定义的特点，同一个智能体在时间上与网络参数的连续感知结果具有相关特性，如果与某参数的两次感知结果相关度较高，表明当前感知结果对全网状态生成影响较小，无须向邻域更新该参数的感知结果；反之，如果相关度较低，表明感知结果变化较大，应向邻域传递最新的感知信息。

2.5.2　业务聚类

1. 平稳流的定义

现有的互联网采用共享资源的抢占式数据传输方式传输。当多种不同速率要求的业务混合传输时，业务资源抢占的成功率不能确定，从而导致业务传输速率不稳定（即互联网同样存在“公地悲剧”[93] 问题）。

如何在原有变速互联网上传输具有统计复用特征、恒定速率要求的互动多媒体业务，是网络发展过程中一直试图突破的难题。

为了承载网络业务类型的多样化，实现越来越多的互动多媒体等业务以恒定速率传输，本书定义了平稳流的概念，即通过业务聚类的方法，将多种不同速率的、具有接近业务传输需求的业务流进行分类，抽象成为平稳流，并将业务流中的节点链路定义为平稳流协作场，进而确定协作的节点集和优化策略。

平稳流是实现群体业务协作优化的关键，主要表现在以下两个方面。

（1）根据优化目标确定需要协作的节点集合。

（2）将优化目标转化为节点的运行策略，并依赖局部节点间的相互协作，在缺乏全局视图的情况下，依然能够实现全局优化的目标。

如图 2.3 所示的 SDN 业务传输框架图，在节点感知的基础上，通过定义平稳流和平稳流协作场，明确协作优化的目标和参与对象；通过基于平稳流的业务带宽分配流程，确定业务优化策略并下发到协作场的内节点执行。基于平稳流的业务优化，本书解决了在速率不稳定的网络上传输具有恒定速率要求业务的难题，为互动流媒体、物联控制等互联网新兴的实时业务提供了稳态汇聚和性能保障。

2. 业务聚类技术

平稳流的业务聚类传输是对具有相近传输速率要求的业务进行聚类，将业务数据分为多个平稳流，为每个平稳流建立协作节点集合（即平稳流协作场）。在各协作场之间，平稳流以不同的带宽、时延等网络传输需求运行，提升了平稳流抢占确定资源的成功率，从而以稳定速率传输。其中，第 i 类业务平稳流的带宽分配过程与决策过程如图 2.9 所示。

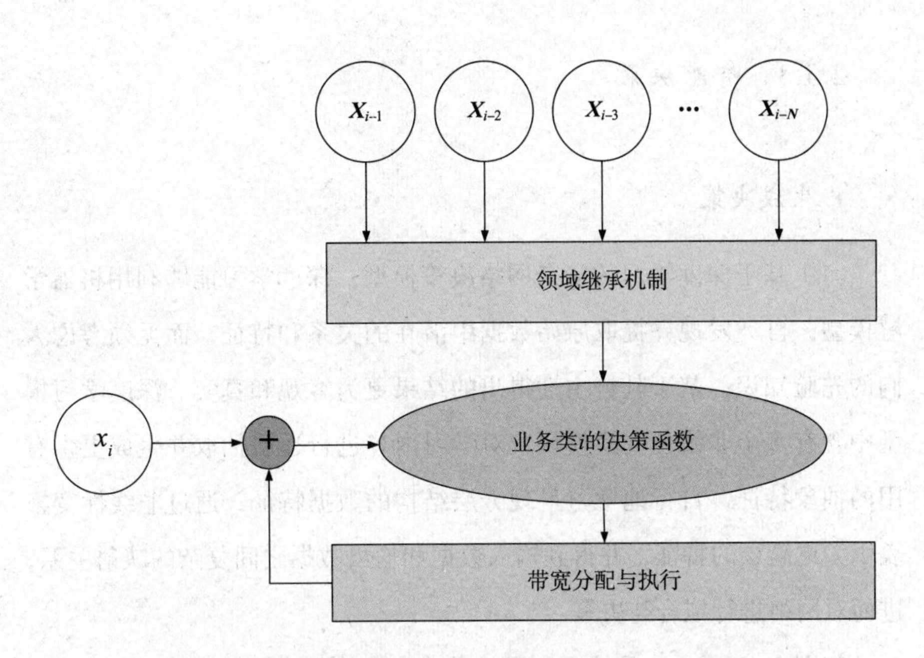

图 2.9　第 i 类业务平稳流带宽分配过程与决策过程图

该流程的三个核心步骤如下。

（1）将业务数据流按照报文长度、源端口号、目的端口号、源 IP 地址、目的 IP 地址等特征，进行归一化处理，而后利用三态内容寻址存储（ternary content addressable memory, TCAM）的寻址特性，快速查找表项，对数据流进行实时分类，实现了各类业务在线高效汇聚。

（2）按平稳流传输性能需求分配业务带宽，实现资源利用最大化。网络节点通过邻域继承机制，获得第 i 类业务的平稳流，依据第 i 类业务的需求 x_i 及期望，进行其带宽增量分配与执行。

（3）采用虚拟时间调节方法对业务流进行排队输出，设置业务平稳流时延界限，获得近似资源独占的传输性能。

2.5.3 智能决策

1. 生成决策

（1）基于深度学习的复杂网络决策模型。深度学习能够利用机器学习模型，自动发现并提取原始数据中潜在的关系和特征，而无须考虑人们的先验知识，基于其自主性得出的结果更为客观和真实。深度学习模型中含有多个非线性变换模块，对学习内容进行逐层抽取并生成更多有用的抽象特征，自行地学习呈现分层结构的数据特征，通过非线性变换表示为更高层的特征，并得到输入数据和输出数据之间复杂的映射关系，进而对网络进行拟合与决策。

如图 2.10 所示，系统观察环境状态 s，并以此选择决策 a，环境状态因该决策发生改变，并反馈 r，系统则根据 r 调整决策的选择方式，再次选择决策。因此，学习的目的是不断增加反馈的修正决策，使得反馈 r 最大。

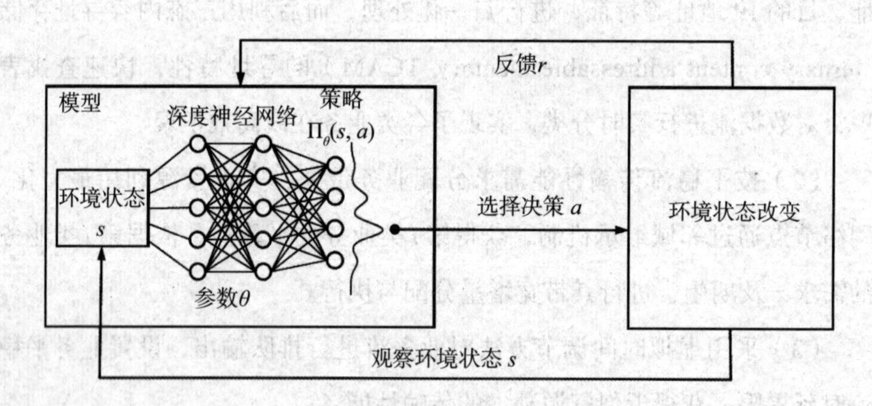

图 2.10　基于深度学习的复杂网络决策模型示意图

（2）不确定随机网络优化模型。网络面向多网系承载和复杂不确定业务时，随机性和不确定性往往会同时出现在一个网络中，通过大量历史数据或观测数据的统计，能够获得权重满足随机性链路的概率分布函数。如果历史数据无效且无法通过统计或因突发事件等原因获取数据，就只能利用具有相关性的经验数据，得出权重的不确定分布函数。

机会理论是用于处理既有不确定因素又有随机因素的一个数学工具。本书将机会理论引入不确定随机网络优化中，用 N 表示网络节点的集合，U 表示不确定弧的集合，R 表示随机弧的集合，W 表示不确定权重和随机权重的集合，共同构成四元组来表示不确定的随机网络。当计算网络的最短路径、最小生成树和优化网络流等问题时，首先，利用机会理论框架推导理想机会分布函数；其次，建立机会分布函数与理想分布函数的面积、距离、互熵的最小模型；最后，在该模型下求解优化问题。

2. 决策一致性机制

群体协作要完成共同的目标和任务，就需要单个智能体不断地与局部环境、其他智能体进行交互，并将复杂协作行为动态演化。由系统论和非线性科学得到，整体由局部间的相互耦合构成，在整体与局部的关系问题上，需要考虑局部个体间的相互作用和局部个体对系统整体的贡献两个方面，以此最终确定局部个体对系统整体的贡献大小。当局部耦合性能对整体贡献突出时，如果非线性程度较强，子系统间强烈的相互作用就会对子系统自身性质和整个系统性质产生较大的影响。

由博弈论专家纳什（Nash）提出的纳什平衡将所有博弈参与者的策略集中显示，每一个参与者都在掌握竞争博弈方信息的情况下做出最有利的策略，并通过观察博弈方是否可以经过自身改变获得更大的收益，来判断博弈过程是否达到纳什平衡点。联盟博弈构建理论在算法中引入评估、探测机制，以局部相互作用对复杂演化过程的影响作为重要指标，用于求解相互关联的子系统间较强作用的复杂问题，并结合全局性启发信息与局部启发信息，共同引导联盟博弈过程，促使系统朝着正确的求解方向高效演化。

2.6 原型验证

2.6.1 仿真实验平台

在原型验证部分，本章基于NS3网络仿真软件，与网络接口模块（J2ME）相结合，构建一套网络仿真环境，为基于群集运动的SDN业务传输框架研究提供仿真实验平台。该平台的总体架构如图2.11所示，主要由3个部件组成：Simulink模块、J2ME模块和网络仿真模块。在所设计的平台中，控制器和网络节点之间依据实施时间执行控制，借助网络通信组件进行交互。网络接口模块用于控制网络节点的交互过程。NS3网络仿真模块的主要功能是实现平台网络仿真，网络通信协议基于使用最多的TCP协议。TCP协议能够以网络中业务流的方式实施发包和收包，它保障了数据传输的可靠性与安全性。在此基础上，该模块先监听或者捕获发包工具发送的数据包，再将数据包合成到仿真包中，并发送至实际网络拓扑。

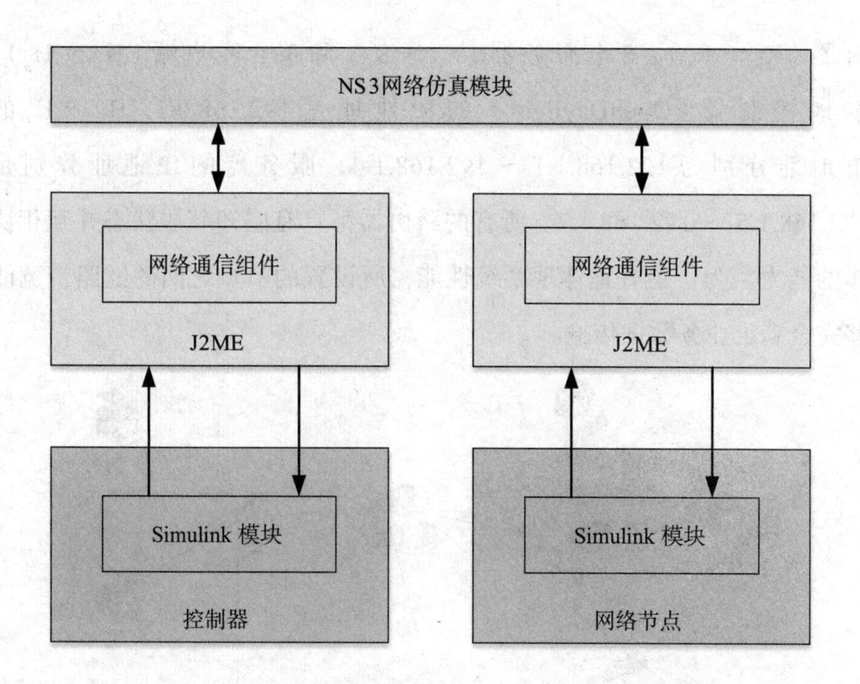

图 2.11　仿真平台总体架构

2.6.2　仿真环境介绍

所有仿真在戴尔（Dell）主机上进行，设备配置简述如下：操作系统 Ubuntu 16.04，RAM 16 GB，CPU i7。我们在系统中安装 NS3 软件，并开发基于群集运动的 SDN 业务传输框架的相关功能组件。基于 NS3 构建仿真时，首先，使用 J2ME 搭建网络仿真环境，同时设置多个网络节点；其次，在节点间的链路建立带宽、启用延时等功能，同时生成大量数据包并发送至网络接口，形成模拟环境；最后，基于 Wireshark 抓包统计得到仿真结果。原型验证框架的实验拓扑如图 2.12 所示。由图 2.12 可知，原型验证框架的拓扑结构包括 6 个路由器（$R_1 \sim R_6$）、3个服务器（$S_1 \sim S_3$）和3个客户端（$H_1 \sim H_3$）。本地控制器（OpenDaylight）的IP地址是192.168.0.1，$H_1 \sim H_3$的IP地址分别为192.168.1.1～192.168.1.4，服务器的IP地址分别是192.168.1.5～192.168.1.7。所有的路由器都具有感知邻居状态并互相协作的能力。为了更好地体现系统性能，所设置的节点之间的链路带宽能够完全满足业务数据传输。

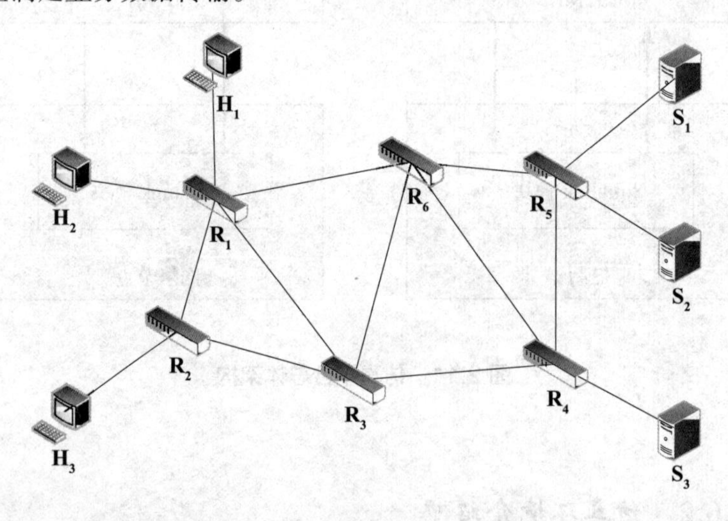

图 2.12　原型验证框架的拓扑结构

2.6.3　仿真结果

实验设置在主机和服务器之间随机生成数据包，即任意主机（$H_1 \sim H_3$）都可以访问任意服务器（$S_1 \sim S_3$）。分别记录原型验证框架下路由生成时间和数据包往返时延的变化情况，结果如图2.13和图2.14所示。

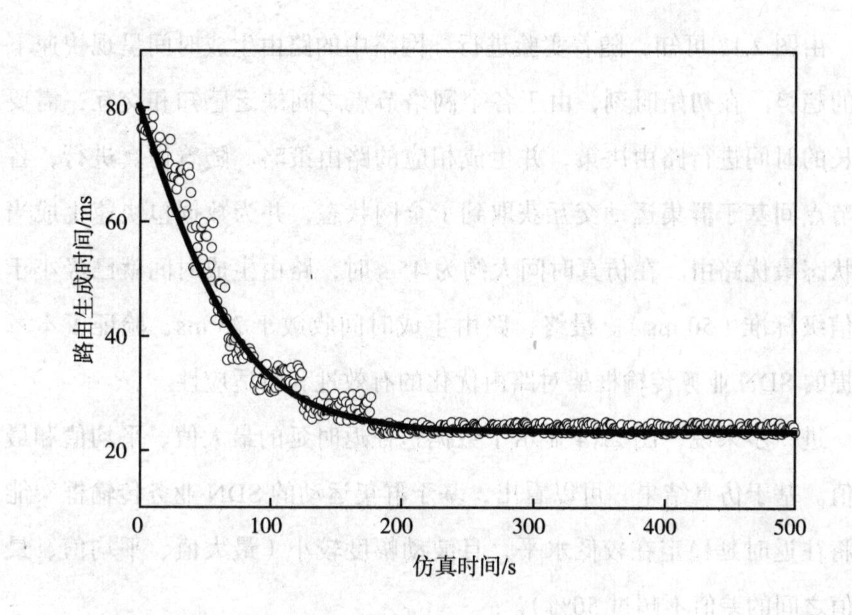

图 2.13　路由生成时间

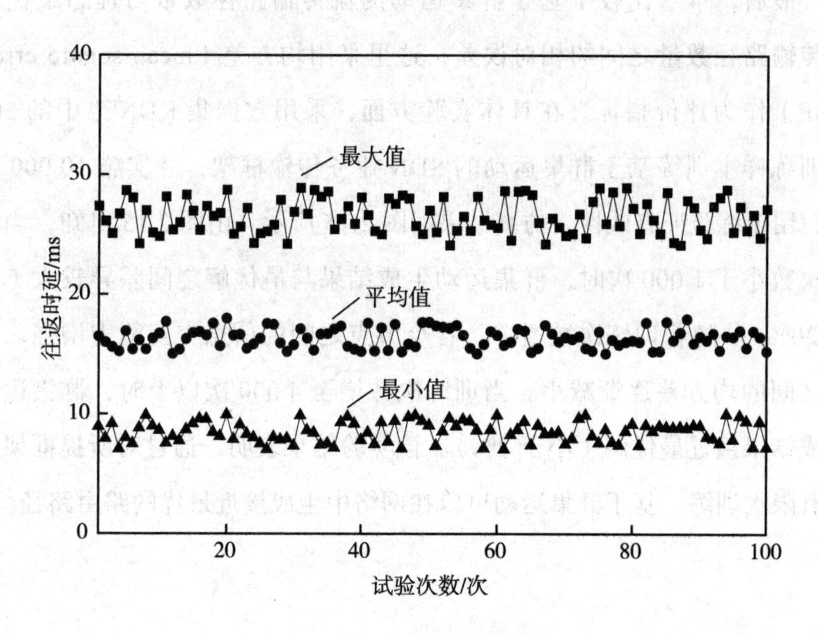

图 2.14　数据包往返时延

由图 2.13 可知，随着实验进行，网络中的路由生成时间呈现快速下降的趋势。在初始时刻，由于各个网络节点之间缺乏感知和交互，需要较长的时间进行路由决策，并生成相应的路由策略。随着仿真进行，各个节点间基于群集运动交互获取到了全网状态，并为数据包快速生成当前状态最优路由。在仿真时间大约为 45 s 时，路由生成时间就已经小于电信级标准（50 ms）。最终，路由生成时间收敛于 23 ms，验证了本章所提的 SDN 业务传输框架对路由优化的有效性和自适应性。

进一步来说，图 2.14 显示了数据包往返时延的最大值、平均值和最小值。基于仿真结果，可以看出，基于群集运动的 SDN 业务传输框架能够将往返时延稳定在较低水平，且波动幅度较小（最大值、平均值、最小值之间的差值不超过 50%）。

最后，本章比较了基于群集运动的流传输路径数量与理想最优的流传输路径数量之间的相对误差，这里采用均方差（mean square error, MSE）作为评价指标。在具体实验方面，采用数据集 KDN[47] 中的 300 个训练样本训练基于群集运动的 SDN 业务传输框架，并实施 10 000 次训，用于练验证有效性。仿真结果如图 2.15 所示。由图 2.15 可知，当训练次数小于 1 000 次时，群集运动生成结果与最优解之间差异较大（大于 20%）。随着训练次数增多，各个节点之间的信息交互能力增强，二者之间的均方差逐渐减小。当训练次数增至 4 000 次以上时，群集运动生成结果接近最优解（小于 2%）。该实验结果表明，通过对所提框架进行有限次训练，基于群集运动可以在网络中生成接近最优的路由路径。

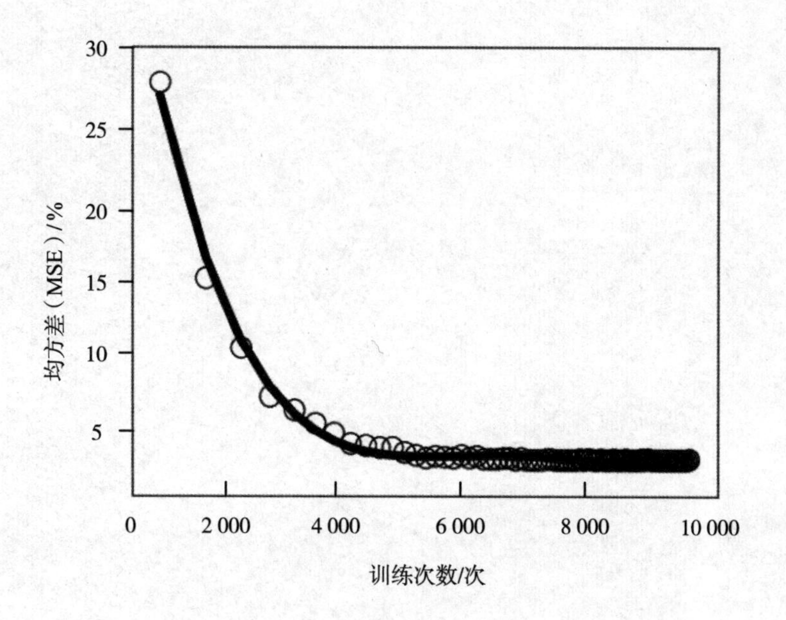

图 2.15　仿真结果

2.7　本章小结

本章针对 SDN 业务传输优化的需求，受生物界群集运动的启发，分析了群集运动的特征，设计了一种基于群集运动的 SDN 业务传输框架，用于满足 SDN 业务传输的智能决策和高效控制需求。同时，本章对业务传输框架进行了功能建模，给出了数据层、控制层、服务层的功能函数，详细阐述了实现基于群集运动的 SDN 业务传输框架的关键机制，为后续研究提供了架构支撑，且仿真结果验证了该方案的有效性。

第 3 章　基于降维与分配的 SDN 业务感知算法

网络业务状态感知是较为有效的了解网络运营的方式，为 SDN 业务传输优化提供了依据。随着传输业务的多元化，网络状态信息日益呈现高维化特征，一个完整的网络业务感知往往涉及多维数据。然而，SDN 节点的感知能力有限，且感知业务分配机制较为僵化，导致网络业务感知未达到预期效果。因此，如何高效、精确地完成网络业务感知成为亟待解决的新问题。在 SDN 业务传输框架下，本章充分考虑了业务感知率、感知总代价、感知节点均衡性等多方面的因素，提出了基于降维与分配的 SDN 业务感知算法，从业务降维和业务分配两个阶段入手，增强了高维感知业务与节点的智能匹配。仿真结果显示，该算法较好地完成了 SDN 高维感知业务，提升了感知精确性和感知效率。

3.1 引言

数据作为人们生产和生活的有效信息载体，在各个方面都发挥着巨大作用。伴随着网络的不断演进和发展，尤其近年来云计算、区块链、机器学习等大数据业务的兴起，网络状态数据的采集、存储、传播、共享以及计算分析能力都得到前所未有的提升。基于网络状态感知的数据采集，即通过节点对网络中的各种状态、性能数据进行采集，可以为管理者提供网络业务传输优化的依据。在传统的 IP 网络架构中，基于网络状态感知的数据采集存在诸多局限：首先，由于网络自身的缺陷，感知不具有实时性；其次，网络中的交换机相互独立，感知缺乏协同性；最后，网络设备与策略的固化问题，使得网络管理者无法及时调整和变更感知策略。

SDN 技术为基于网络状态感知的数据采集带来了新的技术支撑，其逻辑集中控制、数控分离及开放的可编程性使网络业务感知变得灵活和高效。同时，SDN 技术与其他新兴技术的不断融合，更推进业务感知趋于智能化。此时，感知策略就显得尤为重要，低效的感知策略不仅难以反馈网络状态，还增加了网络及设备的负担，尤其在分布式多控制器部署的网络中，如果忽略设备的感知能力、网络的运营状态而对感知业务进行机械式分配，就极易导致感知失败。

本章针对 SDN 节点受限难以完成网络高维业务感知的问题，提出了一种基于降维与分配的 SDN 业务感知算法，即低代价均衡合作算法（low-cost and balance-participating algorithm, LCBPA）。该算法分为两个阶段：首先利用 *k*-center 方法将 n 维感知业务划分为 t 个低维感知子业务；其次根据 SDN 网络节点的处理能力为节点匹配一个或多个子业务。同时，引入参数 α，设置各网络节点参与业务感知的概率；并引入均衡因子 β，均衡感知代价和感知节点的数量，实现感知业务在网络节点中均匀分配的目的。

本章后续内容安排如下：3.2 节对相关研究工作进行了阐述；3.3 节是问题描述及建模；3.4 节设计了基于降维与分配的 SDN 业务感知算法；3.5 节对算法进行了仿真并分析结果；3.6 节对本章工作进行了总结。

3.2 相关研究

SDN 技术的引入优化了网络业务状态感知平台，加快了基于网络状态感知的数据采集策略的更新与发展。其中，Lavanya 等人[62]在 SDN 数据平面通过小流量识别了大流量，发挥了采集的优势；文献 [63] 提出了 Flowsense 方法，采用被动检测交换机的方式采集到了较为完善的数据；文献 [94] 则化被动为主动，提出了一种主动测量的数据采集方法，在一定程度上实现了采集任务的自适应性，但没有较好地平衡采集规模和信息量之间的关系；文献 [95] 和文献 [96] 通过传统网络分布式节点间的协作，完成了链路泛洪流量信息的采集工作；文献 [97] 利用 SDN 技术获取了网络的整体流量拓扑，并以提供临时带宽的方法实现了大流量链路的采集工作；Dallal 等人在文献 [98] 中发挥 SDN 的全网监控能力，及时判断链路攻击源并完成了数据信息采集任务。

另外，感知任务分配一般分为基于规则的任务分配方案 [99–101] 和基于地图的任务分配方案 [102–105]。基于规则的任务分配方案一般利用每个节点的感知能力如位置、性能等，进行任务分配，按节点特征划分为不同任务组，并由系统将相应的任务分配给每个任务组。Ho 等人 [99] 设计了基于双重任务分配器的任务分配算法，利用学习权重来评估每个任务参与感知的能力，服务器则根据感测能力级别分配任务，以实现收益最大化；Angelopoulos 等人 [100] 提出非业务划分分配算法（non task division, NTD），通过选择最佳的节点性能进行任务分配，这也是目前被广泛采用的经典算法。Shibo 等人 [101] 考虑节点的数量、任务的数量和任务完成的时间因素，提出了针对调度区域各采集节点的最优调度算法，有效降低了感知成本。基于地图的任务分配方案多用于将地理位置与任务类型结合所构建的感知任务，参与节点可以通过任务图来获取合适的感知任务，并在任务派发点附近，自发组成任务组，通过组内协作共同完成感知任务。文献 [102] 提出了移动场景下的传感任务分配框架 Zoom；文献 [103] 基于任务图中的像素值进行任务分配，提出了一种具有扩展性的任务图像素值重用方法；文献 [104] 提出了一种用于移动感知系统的栅格矢量混合任务分配方法，该方法通过对感知区域进行栅格化，对任务信息进行编码，提高了信息的利用率并减少了数据冗余；文献 [105] 中的矢量任务图方案，通过渐进式分配感知任务有效减少了任务图中的数据量。

3.3 问题描述及建模

3.3.1 问题描述

SDN 网络中存在大量的运维数据，以确保 SDN 业务稳定传输，这些数据就是网络状态感知的目标。其中，针对南向网络设备接口状态的指标为转发成功的数据包数、接口状态（UP 或者 Down）、收到的数据包数等；针对 OpenFlow 协议的指标为源目的 MAC 地址、源目的端口、报文流匹配转发的信息等；针对网络流量监控的指标为分析网络流量数据包，以及控制器的内存溢出、堆内存溢出、内存占用情况和 CPU 运行状态等。同时，除了类型上的多维数，在一个复杂的服务需求中还存在时间和空间上的多维数，例如，在不同的时间段内感知不同的网络状态需求或者在不同的区域范围内感知不同的网络状态需求。因此，随着 SDN 网络的不断发展及应用的逐渐复杂化，网络状态感知呈现高维化。

如图 3.1 所示，SDN 网络业务感知涉及 n 维数据，在 SDN 网络区域中有 n 个 SDN 节点，受到每个 SDN 节点能力和位置的限制，它们无法完成 n 维业务感知，只能处理其中部分类型的业务。如果机械地给节点分配感知业务，那么 SDN 节点不仅难以有效感知，还会带来沉重的网络负担。

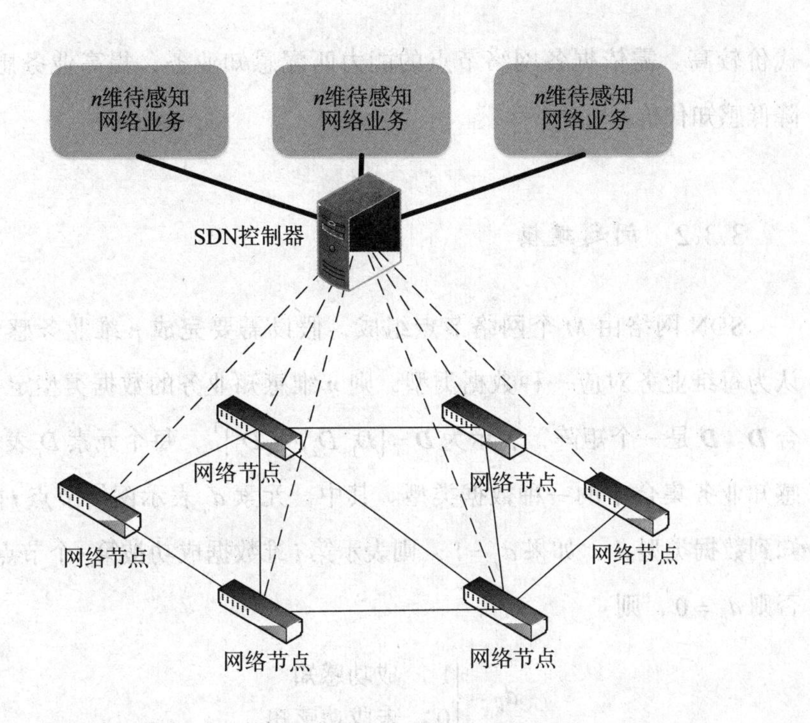

图 3.1　SDN 网络业务感知示意图

为解决上述问题，本书首先将高维业务进行划分并降维成 t 个子业务；其次对每个子业务分配 H 个网络节点，以保障其感知区域的最大化。由此，高维感知业务划分问题可简化为将 n 维感知业务划分为 t 个低维感知子业务，为各子业务分配合适的网络节点形成感知集群，并执行感知子业务。

基于此，本书以多个网络节点协同工作的业务划分来完成高维业务感知，其基本目标如下。

①合理划分子业务。根据网络节点的能力和可承担的感知业务情况，只需完成子业务中的部分感知业务即可。由此可避免业务划分不合理导致的节点未匹配到合适的子业务的问题。

②最小化感知代价。高维业务感知需要调用大量的网络节点，感知

代价较高。需依据各网络节点的能力匹配感知业务，提高业务感知率，降低感知代价。

3.3.2 问题建模

SDN 网络由 M 个网络节点组成，假设需要完成 n 维业务感知，且认为每维业务对应一种数据类型，则 n 维感知业务的数据类型定义为集合 $\boldsymbol{D}$。$\boldsymbol{D}$ 是一个矩阵，表示为 $\boldsymbol{D}=\{D_1,D_2,\cdots,D_n\}^{\mathrm{T}}$，每个元素 D_i 表示 n 维感知业务集合中的一种数据类型。其中，元素 d_{ij} 表示网络节点 j 能否感知到数据类型 d_i，如果 $d_{ij}=1$，则表示第 i 维数据成功被第 j 个节点感知，否则 $d_{ij}=0$，则

$$d_{ij}=\begin{cases}1\text{，成功感知}\\0\text{，未成功感知}\end{cases} \tag{3.1}$$

将 n 维感知业务划分为 t 个子业务，设定子业务集合为 $Y=\{y_1,y_2,\cdots,y_t\}$。y_i 至少包含 n 维业务中的一种类型，各子业务的数据类型互不重叠，且 t 个子业务维数之和为 n。子业务划分后，每个节点对应一个二元组 $\chi_i=\{A_i,B_i\}$。其中，A_i 是感知节点 i 能够感知的子业务集合，对于其中每个元素 a_{ij}，若 a_{ij}=0，则表示节点 i 不具有感知子业务 y_j 所含数据类型的能力；B_i 为感知业务的代价，元素 b_{ij} 代表节点 i 用于感知子业务 y_j 的代价。业务感知比例 μ 是节点完成 n 维感知业务的个数 P 与业务总量 Q 的比率，即 $\mu=P/Q$。如果各个网络节点都被分配了感知子业务，那么可以分为两种情况：当 $\min\sum_i a_{ij}<Q$ 时，$P=\min\sum_i a_{ij}$；否则 $P=Q$，可得 $\mu=1$。以 Q 为边界，当感知集群中的感知节点大于或者等于 Q 时，各个子业务均能被顺利感知，当感知集群中的感知节点小

于 Q 时，子业务感知数量即为业务感知的节点的数量。

网络节点在实施感知时，感知数据、感知结果存储及感知信息上传等环节会占用一定数量的网络资源，因此产生了相应的代价。计算预设节点的感知代价，用于确定所有参与节点的总代价。当网络业务在感知集群中划分完成后，感知总代价计算为

$$\text{Cost} = \sum_{i\in M,\, j\in t} a_{ij} \cdot b_{ij} \tag{3.2}$$

本书的目标是通过在各个网络节点之间合理分配感知业务来实现感知代价最小化，即 $\min \text{Cost}$ 。

此外，由于SDN网络节点的位置和能力限制，不同位置节点的业务感知能力不尽相同。因此，在将业务分配给节点之后，我们还需要考虑业务分配的均衡性。网络业务被划分为 t 个子业务，而 ζ_i 定义了网络节点 i 对不同子业务的参与程度，即每一个网络节点分配到的子业务总数的比例 $\zeta_i = \sum_{j=1}^{t} a_{ij} / t$ 。此外，为了实现最优的业务分配，需要计算每一个参与感知业务的网络节点被选取的概率。为了方便计算，本书在此不考虑其他约束（如节点失效），节点 i 被分配于感知业务 y_j 的概率为 $\rho_{ij} = a_{ij} / e_j$ ，其中 e_j 是 M 个具有业务感知能力的节点在子业务 y_j 分配范围内的个数。

为了均衡网络节点的感知业务，本书引入参数 α_i [106] $\{\alpha_i \in (0,1]\}$ ，以表示节点在多次参与感知业务且在后续分配中仍继续参与的概率，计算公式为

$$\alpha_i = \prod_{z=1}^{j-1} \left[1 - \sum_{z=1}^{j-1} (a_{iz} \cdot e_z) / a_{ij} \right] \tag{3.3}$$

式中， a_{iz} 为是否为节点 i 分配子业务 s_z ; e_z 为 M 个具有业务感知能力的节点在子业务 y_z 分配范围内的个数。

根据式（3.3），网络节点 i 被分配子业务 y_j 的概率公式被重新计算为 $\rho_{ij}=\left(\alpha_i\cdot a_{ij}\right)/e_j$。

为了不断降低感知代价，设置均衡因子参数 $\beta\in(0,1]$，用于在代价和节点参与均衡性之间计算权衡节点是否被选择的概率[107]。不同 β 满足不同的优化目标，由此任意网络节点 i 被分配子业务 y_j 的概率可以通过以下两式计算：

$$\rho_{i1}=a_{i1}\cdot\left[\frac{\sum_i b_{i1}-b_{i1}}{\sum_i b_{i1}\cdot(e_1-1)}+\frac{\beta}{e_1}\right] \tag{3.4}$$

$$\rho_{ij}=a_{ij}\cdot\left[\frac{\sum_i b_{ij}-b_{ij}}{\sum_i b_{ij}\cdot\left(e_j-1\right)}+\frac{\alpha_i\cdot\beta}{e_j}\right],\ \forall j\in[2,M] \tag{3.5}$$

3.4 两阶段业务感知算法

3.4.1 业务降维算法

高维感知业务降维算法采用 k-center 方法将 SDN 网络中 n 维业务降维为 t 个子业务，其主要考虑了网络节点的感知能力和有效感知区域，以保证每维业务有足够的网络节点参与感知并完成 n 维业务。在具体实施中，可将高维感知业务降维问题转化为求解感知不同维数或类型业务时，其备选节点在数量上的相似度，并依据相似度值进行分组。相似度值根据欧式距离进行计算，如式（3.6）所示。距离 Dist 是根据数据类型向量 $\boldsymbol{X}_i$ 与 $\boldsymbol{X}_j$ 的欧氏距离得来的，距离越短，二者之间的相似度越高，其感知的数据类型越相似，被划分为同一个子业务的可能性越高。

$$\mathrm{Dist}_{ij}=\min\sum\nolimits_{y_i}\sqrt{\sum\nolimits_{j=1}^{M}\left(\boldsymbol{X}_i-\boldsymbol{X}_j\right)^2} \tag{3.6}$$

在执行高维业务降维划分时，一般采用 *k*-center 算法，它作为一种简单快捷的经典聚类算法，在处理大型数据时的效率高、扩展性强。将 n 维感知业务划分为 t 个子业务的一般过程如下：从 n 维数据集合 D 中随机选取 t 维数据，完成初始聚类，然后对 D 中剩余数据按距离最近的 t 维数据进行二次聚类，依次不断更新聚类中心，直至收敛标准，完成高维业务降维工作。高维感知业务降维算法见表 3.1 所列。

表3.1　高维感知业务降维算法

输入：$\mathrm{X_i}\forall\mathrm{i,t}$
输出：$\mathrm{y_i}\forall\mathrm{i}$
初始化：$\mathrm{Y}=\{\mathrm{y_1},\cdots,\mathrm{y_t}\},\mathrm{y_i}=\forall\mathrm{X_i}\in\mathrm{X}$
1：for i = 1 to n do
2：for j = 1 to t do
3：if $\mathrm{X}_i\notin\mathrm{Y}$ then
4：Compute $\mathrm{Dist_{ij}}$
5：if $\mathrm{Dist_{ij}}=\min\limits_{1\leqslant j\leqslant t}\mathrm{Dist_{ij}}$ then
6：add $\mathrm{X_i}$ to $\mathrm{y_j}$
7：end if
8：end if
9：Compute the mean vector of all nodes in $\mathrm{y_j}$
10：UpdateY
11：while $\left[\mathrm{Dist_{ij}}=\min\sum\nolimits_{\mathrm{y_i}}\sqrt{\sum\nolimits_{\mathrm{j=1}}^{\mathrm{M}}\left(\mathrm{X_i}-\mathrm{X_j}\right)^2}\right]$
12：end for
13：end for

3.4.2 业务分配算法

业务降维算法完成了将高维业务降维为 t 个子业务的工作，现在需要考虑依据感知节点的性能，如感知能力、感知范围以及感知业务类型，细化并调整子业务与参与节点间的映射关系，以实现二者的高效匹配。因此，业务分配算法主要完成以下步骤。

首先，统计各感知集群中的节点个数，并与感知子域内单个业务的最小需求节点数 H 进行比较。

其次，引入调节参数 α_i 对各感知集群中的参与节点进行均衡，当节点被选择的次数增多时，λ_i 用于降低其后续被选中的概率。同时，引入均衡因子 β，用于权衡感知代价和参与率，系统将从高到低降序排列所有节点的 ρ_{ij}，并选择排名最前的 C 个感知节点分配子业务。

最后，按上述流程依次完成 k 个子业务的节点分配工作，得到节点间感知业务分配结果。

业务分配算法见表 3.2 所列。

表3.2 业务分配算法

输入：Y，$\chi_i = \{A_i, B_i\} \forall i, H, \alpha_i, \beta$
输出：节点感知业务分配结果 Γ
初始化：$\Gamma = [0] \forall y_i$
1：for $j=1$ to t do
2：for $i=1$ to M do
3：$e_j = \sum_{i=1}^{M} a_{ij}$
4：if $e_j > H$ do
5：Compute α_i with $\alpha_i = \prod_{z=1}^{j-1}\left[1-\sum_{z=1}^{j-1}(a_{iz} \cdot e_z)/a_{ij}\right]$

续表

6：Compute ρ_{ij} with $\rho_{ij}=a_{ij}\cdot\left[\frac{\sum_i b_{ij}-b_{ij}}{\sum_i b_{ij}\cdot(e_j-1)}+\frac{\alpha_i\cdot\beta}{e_j}\right]$
7：Sort ρ_{ij} from high to low and find the M−th ρ_{ij} as a threshed pp
8：if $\rho_{ij}\geqslant$ pp then
9：$\Gamma_{ij}=1$
10：end if
11：else
12：return Line5
13：end if
14：end for
15：end for

3.5　仿真与结果分析

本节主要通过 3 个实验。验证 LCBPA 算法在业务感知率、感知总代价及感知节点均衡性 3 个方面的性能。

3.5.1　仿真环境搭建

为验证前面所提出的 LCBPA 方案的性能，本书采用 Ubuntu 14.04x 系统对算法性能进行仿真评估，将 LCBPA 与非业务划分分配算法（non task division, NTD）[100] 进行性能对比，同时考虑不同业务个数、不同参数 α 的取值情况。具体参数设置如下：感知业务维数 30，子业务个数 [10，50]，网络节点个数 [50，500]，权衡 α 取值 [0.1，0.9]。

实验通过以下指标分析 LCBPA 算法的性能：①业务感知率；②感知总代价；③感知节点均衡性。

3.5.2 仿真验证与分析

实验 1：业务感知率。

设置子业务 $t=20$ 且 $\alpha=0.5$，比较 LCBPA 与 NTD 在不同网络规模下的业务感知率，结果如图 3.2 所示。

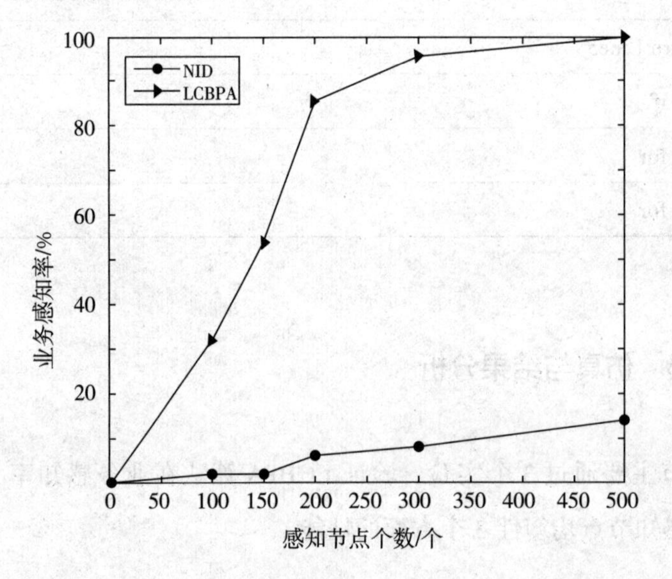

图 3.2 LCBPA 和 NTD 的业务感知率比较

由图 3.2 可知，LCBPA 方法的业务感知率较高，并且随着网络节点个数的增加而不断提升，当节点个数达到 500 时，业务感知率为 100%。相比较而言，NTD 方法业务感知率提升缓慢，针对大面积多节点的感知效果较差。

当 $\alpha=0.5$ 时，不同的网络规模下，比较 LCBPA 完成 10 ～ 50 个子业务的业务感知率，结果如图 3.3 所示。由图 3.3 可知，在不同数量的子业务下，随着感知节点个数的不断增长，业务感知率都趋于 100%。随着子业务增加，业务感知率会随之快速增长，因为子业务的增多，大大降低了各子业务的感知维数，使更多的节点能够完成子业务，可完成的总业务的个数也会增加，提高了业务完成率。

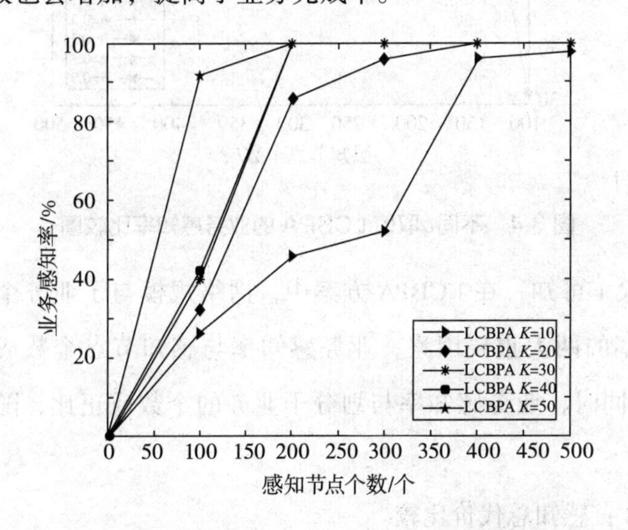

图 3.3　不同子业务 LCBPA 的业务感知率比较

图 3.4 显示了 LCBPA 的业务感知率受参数 α 变化的影响，实验中选取的 α 取值为 0.1 ～ 0.9。由图 3.4 可知，不同 α 取值对应的 LCBPA 的业务感知率曲线重合，说明业务感知率在不同的感知节点数目下与 α 的取值无关。由此，当节点个数大于 H 时，α 的取值不同，业务感知率保持不变。

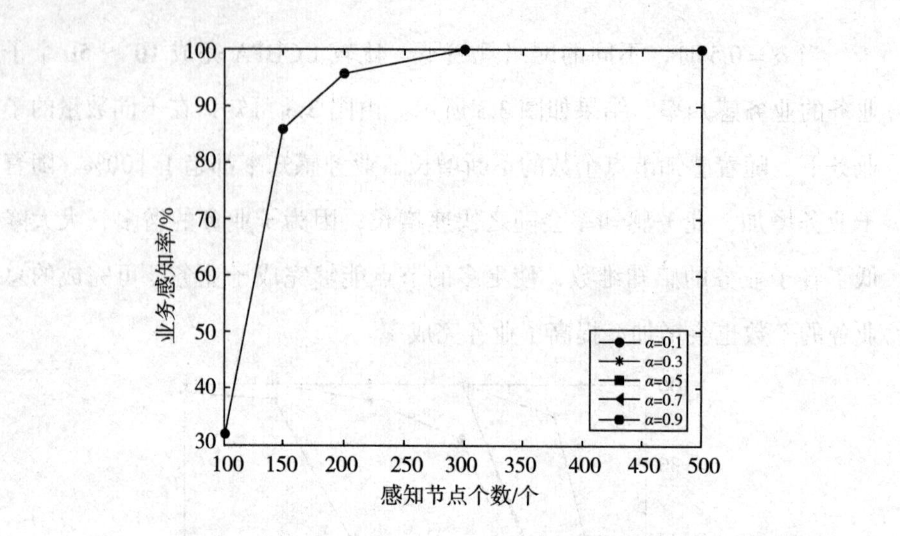

图 3.4　不同α取值 LCBPA 的业务感知率比较图

由实验 1 可知，在 LCBPA 方案中，网络规模与子业务个数是影响业务感知率的两大重要因素，业务感知率与感知节点个数成正比，趋于 100%。同时，业务感知率与划分子业务的个数成正比，随之增加而提升。

实验 2：感知总代价比较。

设置子业务数量 $t=20$ 且 $\alpha=0.5$，在不同的网络规模下，比较 LCBPA 与 NTD 的感知总代价。图 3.5 显示 LCBPA 方案感知代价较低，且随着网络规模的扩展更加明显。

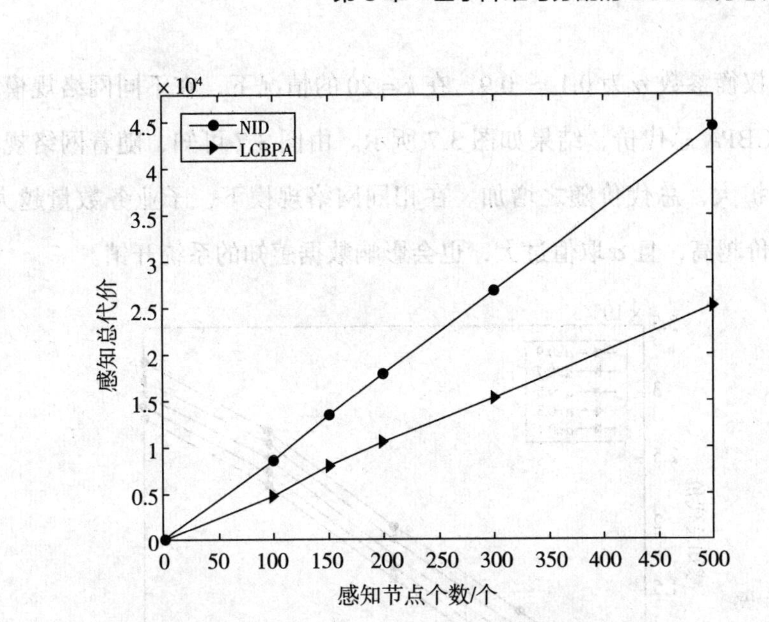

图 3.5　LCBPA 和 NTD 的感知总代价比较图

将子业务选取为 10 ～ 50，观察 LCBPA 总代价的变化，结果如图 3.6 所示。由图 3.6 可知，随着网络规模的增加，其代价也在不断增加。而在相同的网络规模下，子代价的数量越多即认为子代价越细化，使得感知节点能够匹配更为适合的业务，大大节省了感知带来的不必要开销。

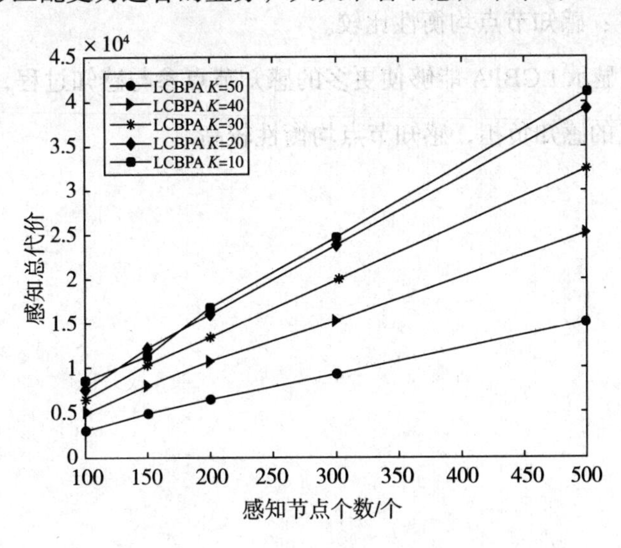

图 3.6　不同子业务 LCBPA 的感知总代价比较图

取权衡参数 α 为 0.1 ~ 0.9，在 $k=20$ 的情况下，在不同网络规模下比较 LCBPA 总代价，结果如图 3.7 所示。由图 3.7 可知，随着网络规模的不断扩大，总代价随之增加。在相同网络规模下，子业务数量越大，系统代价越高，且 α 取值过大，也会影响数据感知的系统开销。

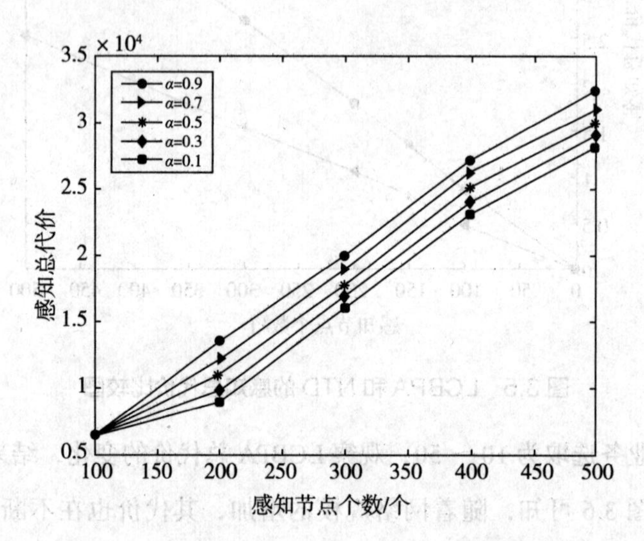

图 3.7　不同 α 取值 LCBPA 的感知总代价比较图

实验 3：感知节点均衡性比较。

图 3.8 显示 LCBPA 能够使更多的感知节点参与感知过程，减轻了部分感知节点的感知负担，感知节点均衡性较高。

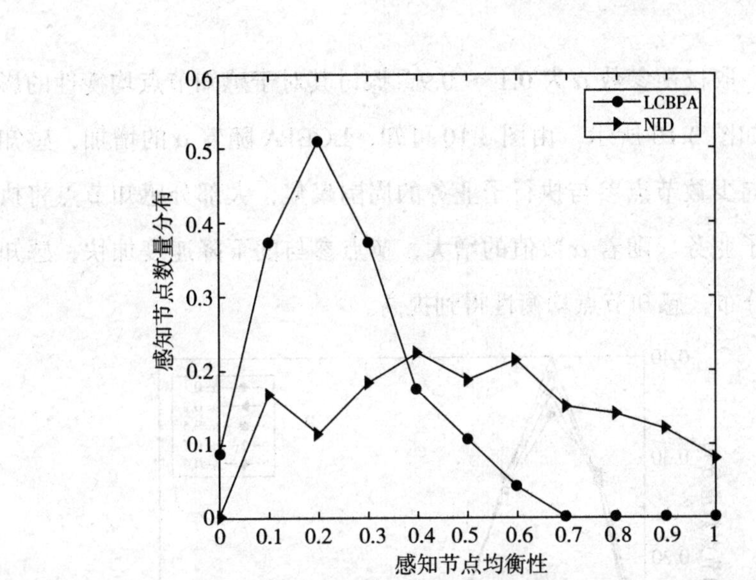

图 3.8　LCBPA 与 NTD 的感知节点均衡性比较

继续选取子业务从 10 ～ 50 的变化，来观察 LCBPA 方案的感知节点均衡性，结果如图 3.9 所示。由图 3.9 可知，若将高维感知业务划分为更多数量的子业务，参与执行多个子业务的节点数量减少，且子业务越多，这种现象越明显。随着子业务划分个数的增多，感知节点均衡性也随之提高。

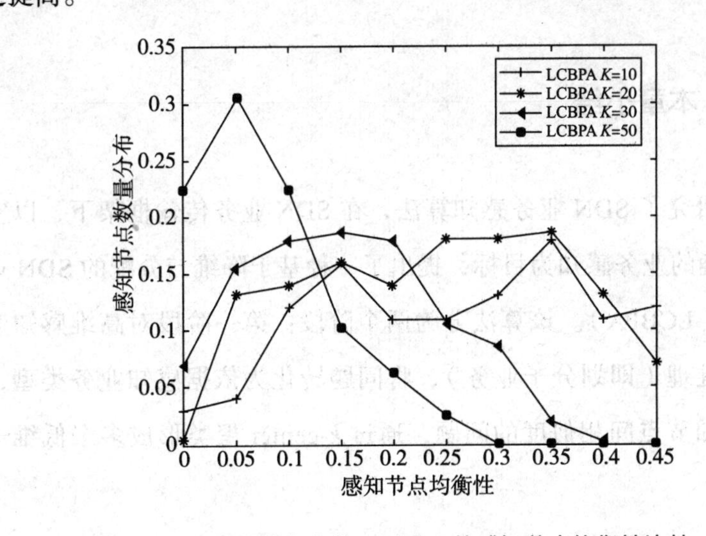

图 3.9　不同子业务个数 LCBPA 的感知节点均衡性比较

最后，取权衡参数 α 为 0.1 ～ 0.9，探讨其对于感知节点均衡性的影响，结果如图 3.10 所示。由图 3.10 可知，LCBPA 随着 α 的增加，感知节点趋于向少数节点参与执行子业务的周围聚集，大部分感知节点将执行更少的子业务。随着 α 数值的增大，节点参与度下降速度加快，感知节点均匀分布，感知节点均衡性得到提高。

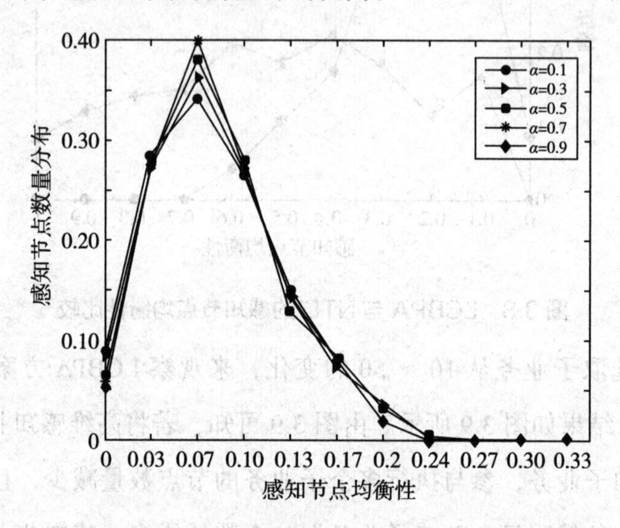

图 3.10 不同 α 取值 LCBPA 的感知节点均衡性比较

3.6 本章小结

本章研究了 SDN 业务感知算法，在 SDN 业务传输框架下，以实现高效、精确的业务感知为目标，提出了一种基于降维与分配的 SDN 业务感知算法（LCBPA）。该算法分为两个阶段：第一阶段对高维感知业务进行降维处理（即划分子业务），将问题转化为依据感知业务类型，求解备选感知节点间相似度的问题，通过 *k*-center 聚类形成多个低维子业务；第二阶段依据感知节点感知能力，与子业务进行匹配，并引入调节参数来调节各感知节点的感知概率。同时，通过均衡因子权衡感知节点的感知代价和感知节点数量，计算该节点被子业务选中的概率，从而得到最优感知节点集合。仿真结果显示，LCBPA 业务感知率随节点个数的增加趋于 100%，感知总代价与节点个数成反比，且有效提升了感知节点均衡性。

第 4 章　基于近邻情景感知的 SDN 多域协同控制机制

在 SDN 中，分布式多控制器部署方案通常将网络划分为多个子域，合理选择控制器部署的位置，解决了控制器单点失效及扩展性差的难题，提升了网络的弹性与灵活性。然而，在 SDN 业务传输过程中，SDN 多域缺乏一致性保障和共管共治，限制了 SDN 网络的大规模应用和部署。针对该问题，本章提出了一种基于近邻情景感知的 SDN 多域协同控制机制。SDN 多域协同控制机制分为两个阶段。第一阶段设计了基于近邻传播聚类的网络分域算法，感知网络节点间的状态信息（跳数和流请求速率），定义并计算节点吸引度和归属度，并基于近邻传播过程合理划分 SDN 多域；第二阶段设计了基于协同映射的控制器负载优化算法，通过在交换机和控制器之间实施双向映射，优化交换机和控制器的连接关系，进而均衡控制器负载。仿真结果显示，该机制能够有效优化网络子域规模，交换机 - 控制器时延平均降低 34.5%，且控制器的负载均衡率显著提升。

4.1 引言

SDN 作为一种控制平面与数据平面完全解耦的新型网络架构，具有集中管控和网络可编程的特性，实现了网络资源的灵活管理。目前，SDN 受到学术界的广泛关注与研究，且已在数据中心网络、广域网和企业网中广泛推广与应用。随着网络规模的急剧膨胀和新业务需求的不断增加，集中式 SDN 控制器面临严重的单点失效和可扩展性差的问题。其中，网络中流量大规模增长引起的控制器处理能力超载以及负载不均衡，严重影响控制器的响应速度，甚至会导致控制器失效或网络瘫痪。

目前，SDN 控制器分布式部署是解决控制器单点失效和提升可扩展性的一种有效方案。多个控制器以逻辑上集中、物理上分布的方式在网络中进行部署，整个网络被划分为多个子域，每个子域都部署控制器，控制器负载收集该域内的网络状态信息，并处理交换机发送的流请求。同时，各个域的控制器通过东西向接口进行通信交互，共同完成业务传输任务。由此，原有集中式控制器的负载由多个控制器进行分担，提升了网络的灵活性和可扩展性。

然而在实际运行时，多控制器分域部署方案仍然存在一定的挑战，如多个 SDN 控制器如何管理网络（即合理地对 SDN 网络实施分域）、如何避免控制器出现“过载”或“轻载”等。这些因素都会影响网络的业务传输性能和稳定性。

为了解决上述问题，本章提出了一种基于近邻情景感知的 SDN 多域协同控制机制。SDN 多域协同控制机制分为两个阶段。不同阶段对应的内容前面已有提及，在此不再赘述。仿真结果显示，该机制能够有效规划 SDN 网络多域，增强了网络稳定性。

本章后续内容安排如下：4.2 节对相关研究工作进行了阐述；4.3 节对多域协同控制问题进行了描述及建模；4.4 节设计了多域协同控制机制；4.5 节对算法进行了仿真并分析了结果；4.6 节对本章工作进行了总结。

4.2 相关研究

SDN 控制器的分布式部署提升了控制平面的弹性和可扩展性。针对控制器性能聚焦提升，SDN 子域合理划分，控制器部署位置选取及控制器－交换机连接等问题，国内外研究者提出了一系列的解决方案。

相关研究中，文献 [42] 通过改进控制器软件来提高控制器性能，从而解决了控制层的扩展性和网络恢复性问题；文献 [34] 提及的方案则主要用于解决控制平面的结构扩展问题。然而上述两个方案均未关注控制器节点位置和部署情况，局限性较强。文献 [66] 首次以网络中平均时延和最大时延为指标，改进了控制器部署方案，通过将控制器－交换机间的连接问题转化为位置设置问题，实现了给定网络拓扑的最佳控制器部署方案。但该问题是一个 NP 难问题（指最优参数无法在多项式时间内被计算出来），尚未给出具体的解决算法，且实际应用中，该算法未考虑影响控制器部署的其他因素。文献 [69] 基于非零和博弈理论提出了控制器动态放置策略，尽管该策略考虑了网络负载均衡的问题，但没有给出网络中控制器的初始位置。

另外一些研究方案从交换机设计或调整其与控制器间连接方式的角度出发进行优化，进而提升了控制器资源的利用率。文献 [108] 提出的面向网络化企业的分布式流体系结构（DIFANE）方案，对控制器规则空间进行区域划分并设置权威交换机，通过减少交换机对控制器的频繁请求来降低控制器负载；DevoFlow 方案采用规则复制和局部操作的方法，把部分控制权移交给交换机，致力从源头减少交换机与控制器间的通信；而 Chen 等人 [109, 111–112] 则基于 SDN 弹性控制机制，对控制平面负载实现了有效再分配。文献 [113] 和文献 [114] 中提到的算法是目前应用较为广泛的典型的 SDN 多域划分算法。文献 [113] 主要以控制器为焦点去聚合交换机，以控制器容量和部署位置为优化目标去规划 SDN 多域；而文献 [114] 以交换机为关注点去连接控制器，以交换机－控制器跳数和控制器负载作为优化目标去规划 SDN 多域。

综上所述，现有的 SDN 分布式多控制器部署方案中，多以控制器或交换机二者单方面状态信息为指标进行子域划分，约束条件较为单一。因此，本章从建立多目标约束的角度出发，考虑控制器的控制性能和交换机的流量差异，合理规划 SDN 子域，从而增强控制器－交换机二者间的稳定性。

4.3 多域协同控制问题描述及建模

4.3.1 问题描述

一个典型的分布式 SDN 控制器和交换机部署示意图如图 4.1 所示，包含 3 个控制器及 11 个交换机，将网络划分为 3 个子域 A_1、A_2、A_3。由图 4.1 可知，子域 A_1 包括 5 个交换机，而子域 A_2 仅包含 3 个交换机。在各子域内，因控制器容量、交换机数量及部署位置的差异，控制器负载处于不均衡状态。因此，在已知网络拓扑、交换机连接状况和控制器状态的 SDN 多控制器部署环境下，需要通过优化控制器－交换机间的映射关系，来构建合理子域，进而达到多控制器负载均衡的目的。

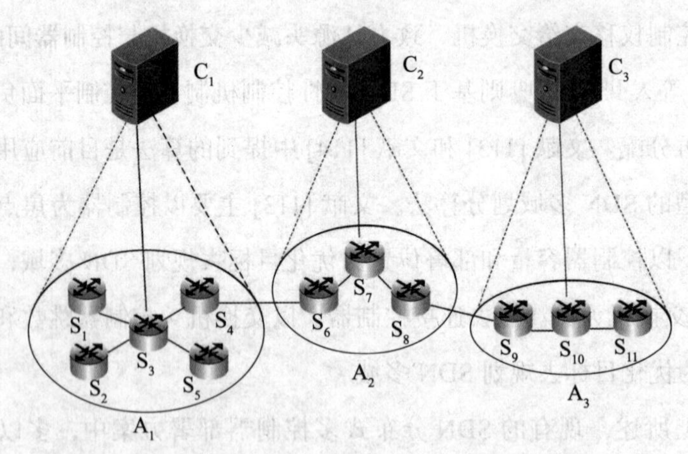

图 4.1　SDN 控制器和交换机部署示意图

4.3.2　模型构建

下面针对研究内容构建数学模型。由 M 个控制器和 N 个交换机构成网络拓扑无向图，并设置网络中的节点集合为 S，节点间链路集合为 E，可得到网络相关参数：

定义控制器集合为 $C=\{c_1,c_2,\cdots,c_m\}$，控制器处理容量为 $\varphi=\{\varphi_1,\varphi_2,\cdots,\varphi_M\}$，依据文献 [70] 设置控制器冗余因子，表示为 $\beta_j\in(0,1]$，β_j 用来确保在流量突发和状态同步时，预留给控制器足够的处理能力。

定义交换机集合定义为 $S=\{s_1,s_2,\cdots,s_N\}$，d_{ij} 表示节点间的距离即跳数。在实际网络中，交换机请求的主要内容为 Packet-in 消息，由于流量在时间上具有突发性和自相关性，因此设定交换机请求速率为时间的函数 $\lambda(t)_i$。

由于在不同的任务环境下，交换机承载的网络服务具有较大差异，如核心交换机的任务交换量远多于边缘交换机，则依据交换机流量的历史记录，设定各交换机相应的转发因子 $\theta_i(t)\in(0,1]$。转发因子的数值越大，表示交换机 S 在同等周期内处理的数据包越多，因而要求转发因子从属的控制器处理容量越大。$x(t)_{ij}$ 代表二进制数，当 $x(t)_{ij}=1$ 时，第 i 个交换机和第 j 个控制器在时间 t 内连接成功，否则 $x(t)_{ij}=0$。则交换机在满足动态约束条件下，仅选择一个控制器为主控制器，可以表示为

$$x_{ij}=\begin{cases}1, & \text{成功链接}\\0, & \text{其他}\end{cases} \tag{4.1}$$

逻辑集中、物理分布是实现 SDN 多控制器部署的核心思想，整个网络划分为多个子控制域并连接一定数量的交换机。采用 OpenDaylight、ONOS 等多线程处理控制器，且默认当前 OpenFlow 交换机全部能够并行处理多端口 VLAN 数据，并将 OpenFlow 协议下的流量传输转化为请

求与服务的排队过程。交换机通过向控制器发送 Packet-in 消息来查询、获取路由信息，本书用 A 表示交换机 Packet-in 消息发送的一般过程，B 表示采用马尔可夫型的流请求处理方式，m 表示控制器当前的线程数，由此可以将控制器 – 交换机间的通信过程转化为 $A/B/m$ 转发队列模型。

为了实现控制器负载均衡，在构建上述模型的基础上，我们还需对控制器相关参数进行定义。其中，定义控制器处理流请求之和为 $I(t)_j$、交换机到控制器的平均时延为 $\tau(t)$、控制器流量负载为 $\Phi(t)$，可得目标函数：

目标函数：

$$\min \text{object} = \left[\delta\tau(t) + (1-\delta)\Phi(t)\right] \tag{4.2}$$

其中，权值 $\delta \in (0,1)$。

约束：

$$\forall i, j, x(t)_{ij} \in \{0,1\} \tag{4.3}$$

$$\forall j, I(t)_j \leqslant \beta_j \varphi(t)_j \tag{4.4}$$

$$\forall i, \sum_{j=1}^{M} x(t)_{ij} = 1 \tag{4.5}$$

式（4.2）为时延和流量负载的多目标优化，通过对两个目标函数加权相加实现（加权可以解决两个目标函数量纲不一致，或者变化剧烈程度不一致的问题），而权值 δ 根据经验或者多次实验结果进行人为选取。式（4.3）用来对网络中所有设备的连接关系进行限定。式（4.4）中 $\beta_j \in [0,1]$ 表示控制器的冗余因子，用来确保在流量突发和状态同步时，预留给控制器足够的处理能力，避免控制器过载；$\varphi(t)_j$ 表示第 j 个控制器的处理容量。式（4.5）则表示给定时间内所有交换机都能够精确连接至主控制器。

4.4　多域协同控制机制的算法设计

基于近邻情景感知的多域协同控制机制需要用到两个算法：近邻传播网络分域算法和协同映射负载均衡算法。下面进行详细介绍。

4.4.1　近邻传播的网络分域算法

近邻传播（affinity propagation, AP）[110] 聚类算法是一种有效的分域聚类算法。AP 聚类算法针对一些抽象的节点和图，将所有数据点作为潜在的聚类中心，以数据点间的相似度作为输入量，在迭代过程中通过数据点之间的信息传递得到最优解。与 k - means 算法、模糊 c - means 算法等其他聚类算法相比，它具有效率高、对初始化不敏感、错误样本更少等优点。本章的网络分域算法借鉴了 AP 聚类算法的聚类思想，将其应用于 SDN 场景，把网络中的设备位置抽象为节点，通过设置跳数规则，对网络中具有一定相似度的节点实施聚类操作，进而合理划分 SDN 子域 G_k，并设置聚类中心为控制器部署点。现将算法中定义的概念介绍如下。

定义 1：节点相似度，指节点 s_m 和 s_n 归属为同一类的可能性，记为 $P\left(s_m,s_n\right)$。设定测量相似度指标为欧氏距离，距离近则相似度高，反之则相似度低，两节点间通过消息传递实现迭代更新，得到的归属度为

$$P\left(s_m,s_n\right)=\left\|s_m-s_n\right\|^2\cdot d_{mn},\text{其中}m\neq n \tag{4.6}$$

定义 2：节点吸引度，指节点 s_m 指向代表候选节点 s_k 的概率，表示为 $M\left(s_m,s_k\right)$。$M\left(s_m,s_k\right)$ 反映了 s_m 类代表点选择 s_k 节点积累的条件，如图 4.2 所示。

$$M\left(s_m,s_k\right)=P\left(s_m,s_k\right)-\max\left[A\left(s_m,s_n\right)+P\left(s_m,s_n\right)\right] \tag{4.7}$$

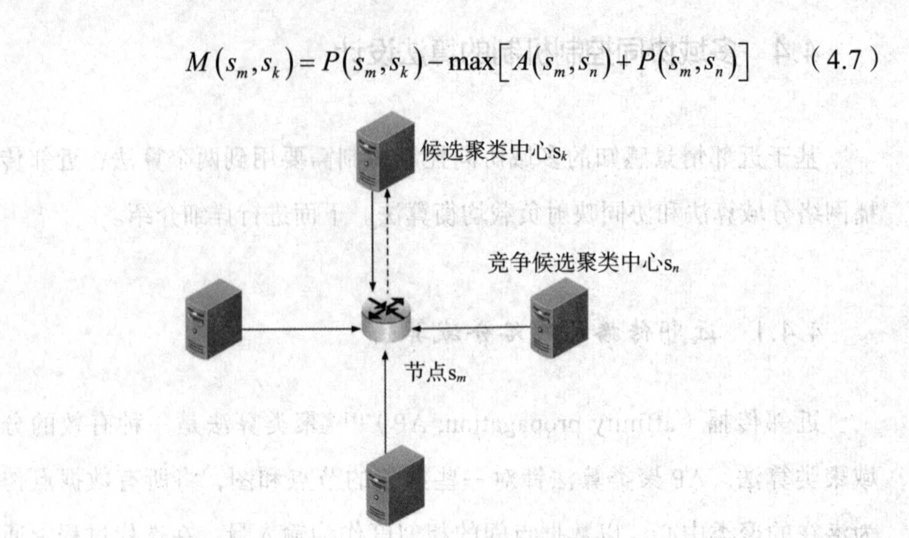

图 4.2　节点s_m的吸引度示意图

定义 3：节点归属度，指从候选类代表点 s_k 指向 s_m 的概率，表示为 $A\left(s_m,s_k\right)$。$A\left(s_m,s_k\right)$ 反映了 s_k 成为 s_m 类代表点可积累的条件，如图 4.3 所示。

$$A\left(s_m,s_k\right)=\begin{cases}\min\left[0,M\left(s_m,s_k\right)+\sum\limits_{n}\max M\left(s_m,s_k\right)\right],\text{其中}m\neq k\\ \sum\limits_{m\neq n}\max\left[0,M\left(s_m,s_k\right)\right], \quad \text{其中}n\neq k\end{cases} \tag{4.8}$$

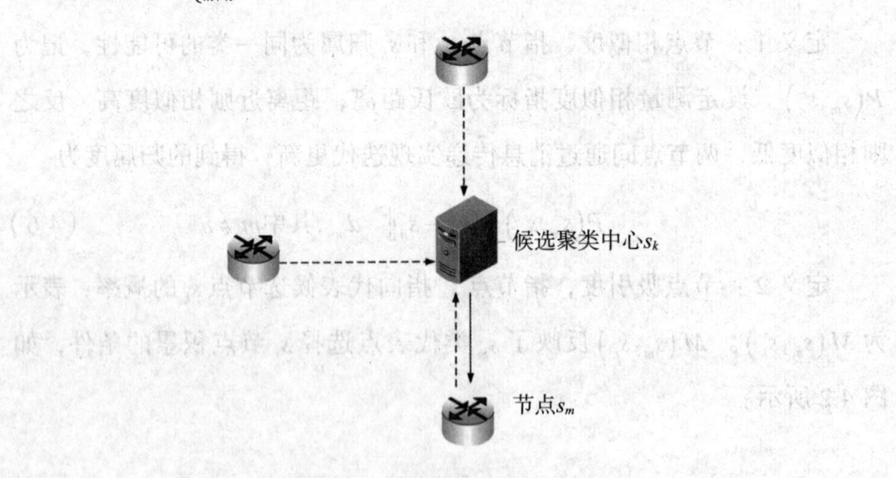

图 4.3　节点s_m的归属度示意图

定义 4：子域阻尼系数，代表控制器吸引度和归属度迭代收敛的参数，记为 $\sigma \in [0,1]$，σ 值越大表示迭代收敛越快。

当近邻传播终止时，若 s_m 的类代表点确定为 s_k，则 k 满足公式（4.9）。该式表示取 k 值能够令 $A(s_m,s_k)+M(s_m+s_k)$ 的值最小。

$$\arg_k \min\left[A\left(s_m,s_k\right)+M\left(s_m+s_k\right)\right] \tag{4.9}$$

接着利用吸引度和归属度的值判定聚类中心：

$$M\left(s_m,s_k\right)+A\left(s_m,s_k\right)=P\left(s_m,s_k\right)+A\left(s_m,s_k\right)-\max\left[A\left(s_m,s_n\right)+P\left(s_m,s_n\right)\right] \tag{4.10}$$

该算法通过节点间的信息更新实现了迭代过程。对于节点 s_m 而言，当节点吸引度 $M\left(s_m,s_k\right)+A\left(s_m,s_k\right)$ 值出现最大变化时，节点 s_k 即为节点 s_m 的代表样本；当局部的 $M\left(s_m,s_k\right)+A\left(s_m,s_k\right)$ 值不再出现变化时，消息传递过程停止。

近邻传播网络分域算法流程如下：在含有 N 个节点的给定网络拓扑中，对网络中的所有节点进行遍历，由节点与节点间的位置求得相似度，并计算出吸引度和归属度，进而依据上述值得到聚类中心并部署控制器，以实现网络子域 G_k 的合理划分。具体算法见表 4.1 所列。

表4.1　基于近邻传播的网络分域算法

输入：SDN 网络 $G=(S,E)$
节点数目 $\lvert S\rvert = N$
输出：$G=\{G_1,G_2,\cdots,G_m\}$ 及对应控制器部署位置
1：遍历全网内所有节点，得到节点间相似度 $P(s_m,s_n)$
2：计算节点吸引度 $M(s_m,s_k)$ 和节点归属度 $A(s_m,s_k)$
3：for（$k=1,k++,k\leqslant N$）

续表

4：if $M(s_m,s_k)+A(s_m,s_k)>0$
5：then 设置s_k作为聚类中心（即为控制器部署位置）
6：$M_{k+1}(s_{k+1},s_k)=\sigma M(s_{k+1},s)+(1-\sigma)M_{k+1}(s_{k+1},s_k)$
7：$A_{k+1}(s_{k+1},s_k)=\sigma A(s_{k+1},s)+(1-\sigma)A_{k+1}(s_{k+1},s_k)$
8：while $\max A_{k+1}(s_{k+1},s_k)$
9：在聚类中心s_k进行聚合
10：更新剩余节点的$M_{k+1}(s_{k+1},s_k)$和$A_{k+1}(s_{k+1},s_k)$
11：end while
12：end if
13：根据求得的聚类中心划分 SDN 子域G_k
14：end for
15：输出$G=\{G_1,G_2,\cdots,G_m\}$及控制器部署位置

近邻传播网络分域算法的复杂度与网络中的节点数目 N 有关，为 $O(N)$。在执行聚类操作前，先计算节点吸引度和归属度，从而获得控制器部署位置 s_k。在每轮数据处理时，针对聚类中心进行节点聚合，完成简单的乘、加线性运算，无须大量复杂运算，即可最终得到合理网络划分，且实效性强。

4.4.2 协同映射的负载优化算法

在先前的控制器－交换机映射研究中，二者间的选择皆为单向进行且与其他成员相互独立。在这样的网络部署方案下，网络稳定性较差，可靠性较低。因此，本书设计了控制器－交换机协同映射的负载优化算法。算法中的相关概念如下。

定义 1：映射，定义为 $c_m \succ_{S_k} c_n$，表示在节点 c_m 和节点 c_n 中，节点 s_k 选择 c_m 作为映射对象，则 s_k 和 c_m 之间成为映射关系。

其中，为了避免请求拥塞，交换机更愿意选择具有更大处理容量的控制器，定义交换机选择列表如下。

定义 2：交换机选择列表，第 i 个交换机 s_i 的选择列表为 $H(c_j)=\{s_i,\cdots\}$。将控制器按照处理容量 φ_j 的大小在列表中降序排列，且至少等于交换机 s_i 的请求到达速率。

此处，因交换机与控制器之间存在 Packet-in 数据包请求、流表下发等通信开销，为避免二者间产生较大时延，控制器会优先选择与物理拓扑上距离更近的交换机连接。定义控制器的选择列表如下。

定义 3：控制器选择列表，第 j 个控制器 c_j 的选择列表为 $H(s_i)=\{c_j,\cdots\}$。控制器根据交换机的请求速率与节点间距离 $\lambda(t)_i \cdot d_{ij}$ 进行交换机选择，并要保证控制器的负载并未超出其容量限制。

定义 4：协同映射，定义为 $s_i \Theta c_j$，表示若交换机 s_i 与控制器 c_j 间同时相互优先选择，则交换机 s_i 和控制器 c_j 是协同映射的一组映射关系。协同映射需要满足条件如下：

$$c_j \succ_{s_i} \left[H\left(s_i\right)\right] \tag{4.11}$$

$$s_i \succ_{c_j} \left[H\left(c_j\right)\right] \tag{4.12}$$

$$\begin{cases} I(t)_j + \lambda(t)_i \leqslant \varphi(t)_j \beta_j \\ I(t)_j - \sum_i \lambda(t)_i + \lambda(t)_i \leqslant \varphi(t)_j \beta_j \end{cases} \tag{4.13}$$

协同映射将交换机集合 S 分割成 M 个子集，每个子集都由单独的控制器控制。因此，每一个子集可以被认为是交换机经过联合，连接到相同的控制器。

协同映射算法的基本流程是在定义 2 和定义 3 的约束下，分别构建交换机与控制器的选择列表，交换机向周边优势最明显的控制器进行请求，而收到请求后的控制器结合自身容量情况，与最合适的交换机完成协同映射。该过程持续重复至不再产生任何映射请求，从而使网络中所有设备形成有效连接，即满足交换机和控制器之间的映射关系。算法见表 4.2 所列。

表4.2 基于协同映射的负载优化算法

输入：SDN 网络$G=(S,E)$ 交换机的请求速率$\lambda(t)_i$ 控制器的处理容量φ_j 控制器的冗余因子β_j
输出：交换机和控制器之间的连接关系$x(t)_{ij}$
1：遍历网络中所有节点，得到$\lambda(t)_i$、φ_j、β_j
2：根据定义 2 和定义 3，构建选择列表$H(s_i)$，$H(c_j)$
3：得到$c_j \succ_{s_i} [H(s_i)]$且$s_i \succ_{c_j} [H(c_j)]$
4：if $I(t)_j \leqslant \beta_j\varphi(t)_j$且$I(t)_j - \sum_i \lambda(t)_i + \lambda(t)_i \leqslant \varphi(t)_j\beta_j$
5：while $[H(s_i) \neq \Phi \cup H(c_j) \neq \Phi]$
6：$\forall s_p \in S, c_q \in C$在$H(s_p)$，$H(c_q)$中依次选择交换机和控制器
7：由$\max\varphi_p \cup \min[\lambda(t)_p \cdot d_{pq}]$得到$s_p\Theta c_q$
8：$H(s_i)=H(s_i)\backslash\{c_q\}, H(c_j)=H(c_j)\backslash\{s_p\}$
9：else $I(t)_j \leqslant \beta_j\varphi(t)_j$在$H(s_i)$按次序选择交换机所属控制器
10：end if
11：完成所有交换机和控制器之间的协同映射任务，得到$x(t)_{ij}$

4.5　仿真与结果分析

4.5.1　仿真环境搭建

（1）为了增加实验的权威性，实验中采用具有较高认可度的 OS3E[111] 网络和 FatTree[112] 网络拓扑，所用机器的基本配置包括 Intel（R）3.40 GHz CPU，8 GBRAM，并基于 Microsoft Visual C++ 实现，最后借助 MATLAB 分析结果。

（2）网络中所有节点都具备部署交换机或控制器的能力，且一个节点上对应部署一台网络设备。对交换机请求速率 $\lambda(t)_i$ 做差异化处理，请求速率范围为 100 ～ 500 KB/s。

（3）选择 Ryu 控制器，设定其处理容量 φ_j 为 10 MB，控制器冗余因子 β_j 在 0.9 和 1 之间任意取值。

4.5.2　仿真验证分析

为了说明 ASCMC 机制的实验性能，将 ASCMC 机制同单连接聚类（single-linkage clustering, SLC）机制 [113] 和贪婪子图覆盖（greedy subgraph cover, GSC）机制 [114] 进行比较。

对比机制的特点如下：SLC 机制主要以控制器为焦点去聚合交换机，以控制器容量和部署位置为优化目标去规划 SDN 多域；GSC 机制则以交换机为关注点去连接控制器，以交换机 – 控制器跳数和控制器负载作为优化目标去规划 SDN 多域。

实验主要分为两组，实验 1 为在静态网络拓扑 OS3E 中，确定交换机和控制器的数量，对比 3 种机制在网络划分、控制器 – 交换机平均时延和控制流量方面的性能；实验 2 为在动态网络拓扑 FatTree 环境中，当交换机和控制器数量产生改变时，对比 3 种机制在应对控制器失效和动态拓扑变化时的性能。

实验 1 的具体内容如下。

OS3E 网络拓扑共有 34 个节点，采用接近于文献 [109] 中的拓扑结构，选择 5 个性能相同的控制器部署于网络中，分别对 SLC、GSC 和 ASCMC 机制进行评估。

通过 3 种机制得到的交换机 – 控制器协同映射结果分别如图 4.4（a）、图 4.4（b）和图 4.4（c）所示。为了更加清晰地对比不同机制的性能，在图 4.4 拓扑的基础上，对网络划分结果进行汇总与分析，如图 4.5 所示。

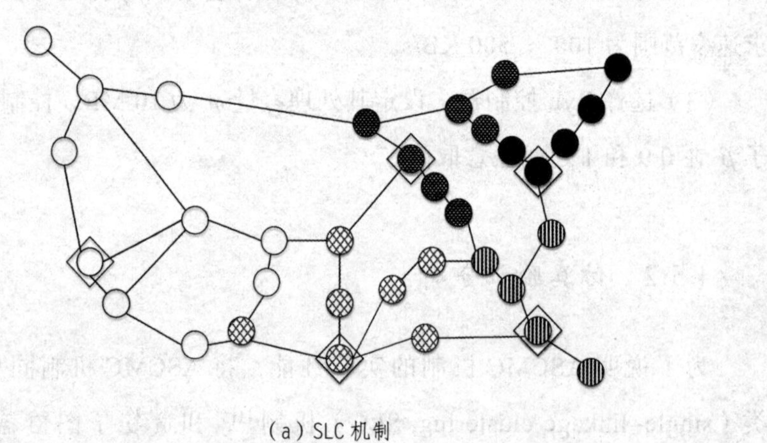

（a）SLC 机制

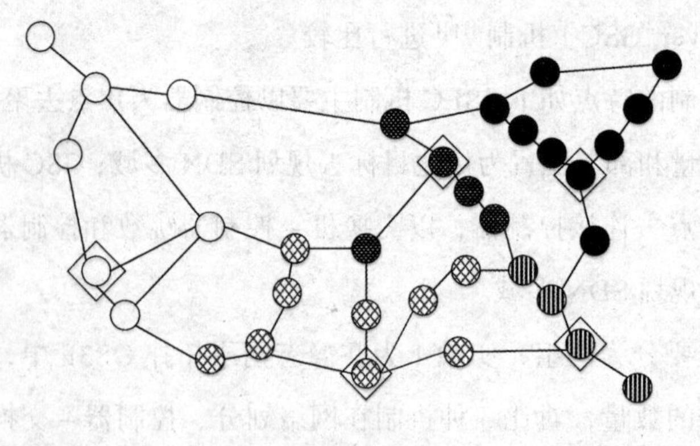

（b）GSC 机制

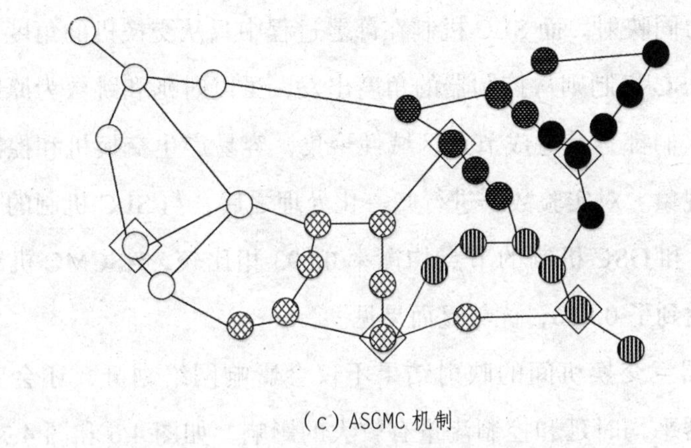

（c）ASCMC 机制

—交换机；—控制器（C_1，C_2，C_3，C_4，C_5）。

图 4.4　OS3E 网络交换机 - 控制器匹配结果图

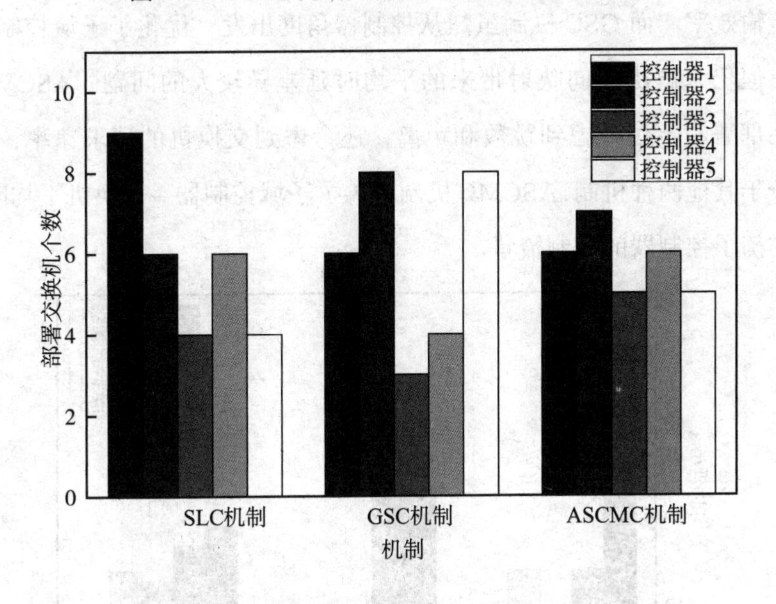

图 4.5　3 种机制得到的交换机部署结果对比图

通过柱状图 4.5 的对比可以看出，在相同的控制器部署条件下，相较于 SLC 机制和 GSC 机制，使用 ASCMC 机制得到的 5 个子域中控制器连接的交换机数量更加均衡，这是因为 ASCMC 机制考虑了控制器 -

交换机的协同映射。而 SLC 机制在部署过程中只从交换机的角度出发进行聚类，GSC 机制则从控制器的角度出发，虽以时延和跳数为原则进行聚合，但它们都容易造成节点区域性聚集，容易产生交换机和控制器匹配不均衡现象。对实验数据进行归一化处理之后，与 SLC 机制的节点均衡率 0.717 和 GSC 机制的节点均衡率 0.593 相比较，ASCMC 机制的节点均衡率达到了 0.886，优势显而易见。

控制器－交换机间的映射结果不仅会影响网络划分，还会对交换机－控制器平均时延和控制流量有较大的影响。如图 4.6 和图 4.7 所示，由 SLC 机制得到的平均时延差异较大，虽然平均时延都未超过时延阈值 80 ms，但控制器 1 的平均时延是控制器 5 的 8 倍，严重地影响了数据包的传输效率。而 GSC 机制虽然从控制器角度出发，优化了子域控制器流量，但仍未解决单向映射带来的平均时延差异较大的问题。ASCMC 机制在部署时不仅考虑到跳数和距离，还考虑到交换机的请求速率，因此相较于其他两种机制，ASCMC 机制改善了子域控制器－交换机平均时延，且均衡了控制器的控制流量。

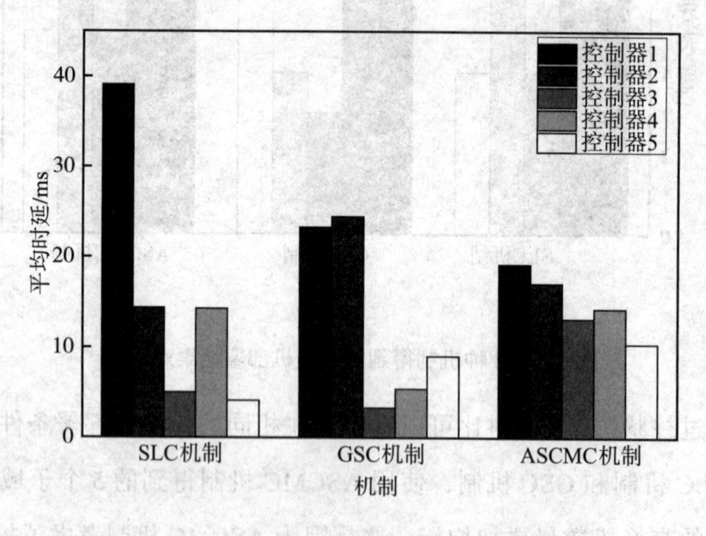

图 4.6　由 3 种机制得到的平均时延对比图

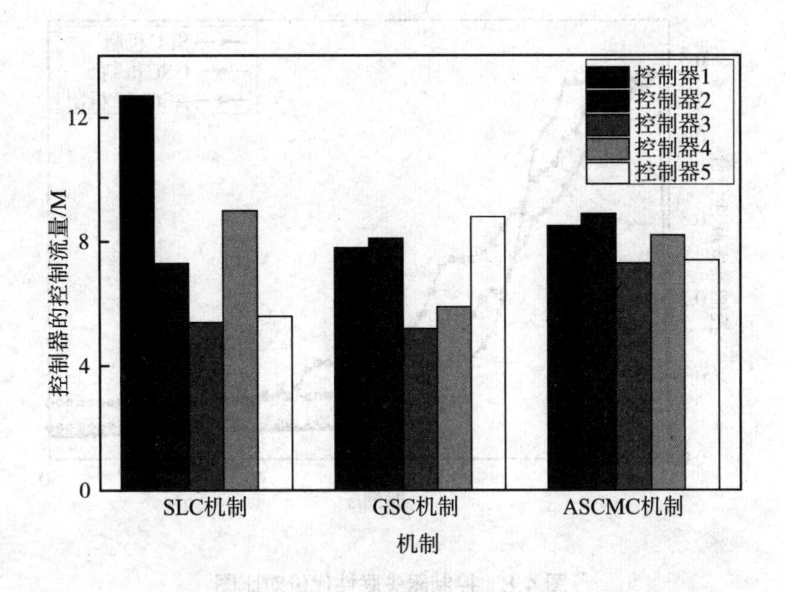

图 4.7　由 3 种机制得到的控制流量对比图

通过图 4.5、图 4.6 和图 4.7 的对比可以看出，在交换机和控制器数量确定的网络拓扑中，相比于 SLC 和 GSC 机制，本章设计的 ASCMC 机制能较好地实现网络划分，保证了各子域交换机－控制器时延和所属控制器流量负载的均衡性。

实验 2 的具体内容如下。

在实验 2 中，网络环境为 FatTree 拓扑，当网络中的发生控制器失效或者网络拓扑动态变化时，将 ASCMC 机制同 SLC 和 GSC 机制进行比较，验证其性能。假设 t=1 s 时，FatTree 网络中的发生控制器失效，由 3 种机制得到的控制器失联性代价如图 4.8 所示。

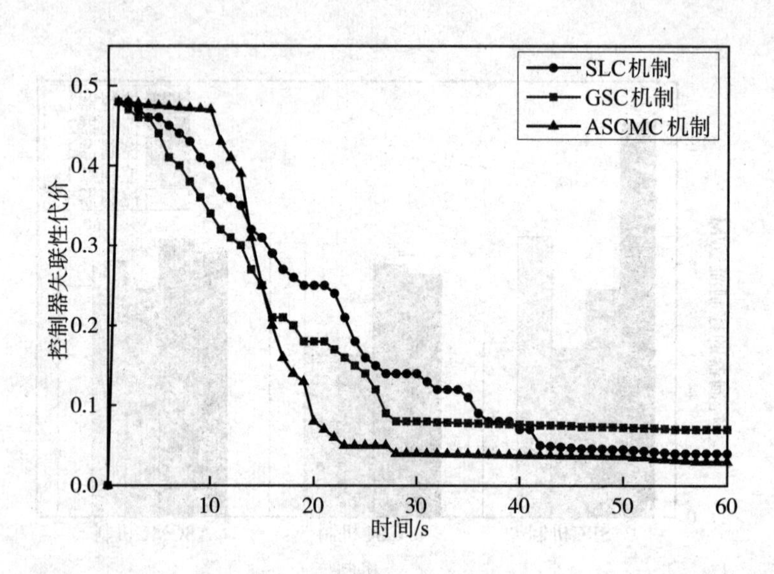

图 4.8 控制器失联性代价对比图

控制器失联代价表示当网络中发生控制器失效时，控制器对交换机发送的流请求的平均响应时间。由图 4.8 可知，控制器失联性代价随时间增长呈下降趋势，这是由于 3 种机制都进行了交换机和控制器的重映射，从而减小了控制器失效对网络的影响。但在 SLC 机制中，由于从交换机角度出发，匹配基数较大，因此重映射时间较长，从失效到网络稳定需要 42 s。GSC 机制从控制器角度考虑，能在 26 s 内完成控制器重选择，但粒度较粗，稳定后的失联性代价相比正常值仍然较高。ASCMC 机制从交换机和控制器两方面进行考虑，需要大约 10 s 的网络初始化搜索时间，当完成搜索后，失联性代价很快降低，整个重映射过程只需要 22 s，相较于其他两种机制，控制器故障恢复效率提升了 23%。

图 4.9 和图 4.10 展示了当 FatTree 网络中控制器与节点的比例 M/N 发生变化时，3 种机制在控制器 – 交换机通信时延和多控制器负载均衡率方面的性能对比情况。

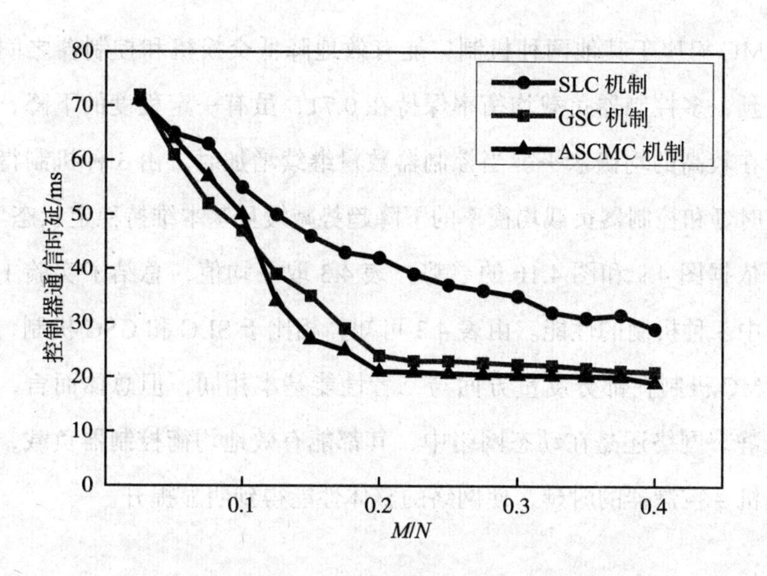

图 4.9　交换机 - 控制器通信时延对比图

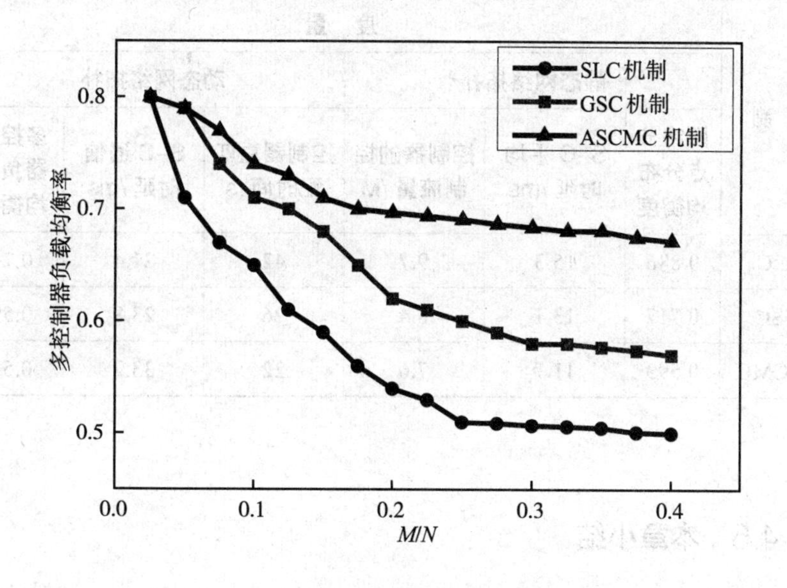

图 4.10　多控制器负载均衡率对比图

当控制器数量较少时，3 种机制都具有较高的通信时延，且负载均衡率处于较高水平。随着控制器数量的逐渐增加，M/N 到达 0.1 ～ 0.2 时，

ASCMC 相比于其他两种机制，能有效地降低交换机和控制器之间的通信时延，多控制器负载均衡率保持在 0.71，虽有一定程度的下降，但仍维持在较高的均衡水平。当控制器数量继续增加时，由 3 种机制得到的通信时延和控制器负载均衡率的下降趋势减缓且基本维持稳定状态。

依据图 4.9 和图 4.10 的趋势，表 4.3 取平均值，总结了实验 1 和实验 2 中 3 种机制的性能。由表 4.3 可知，相比于 SLC 和 GSC 机制，虽然 ASCMC 机制在部分度量方面与二者性能基本相同，但总体而言，无论是在静态网络还是在动态网络中，其都能有效地均衡控制器负载，降低交换机 - 控制器的时延，使网络的整体性能得到明显提升。

表4.3　3种机制性能的对比

机　制	度　量					
	静态网络拓扑			动态网络拓扑		
	网络节点分布均衡度	S–C 平均时延 /ms	控制器的控制流量 /M	控制器重匹配时间 /s	S–C 通信时延 /ms	多控制器负载均衡率
SLC	0.886	15.3	9.7	42	21.4	0.71
GSC	0.717	13.1	8.4	26	23.8	0.59
ASCMC	0.593	11.7	7.6	22	33.7	0.51

4.6　本章小结

本章研究了分布式 SDN 多域中控制器间业务处理能力协同性差和控制器负载不均衡问题，提出了一种基于近邻情景感知的多域协同控制机制（ASCMC）。该机制通过改进现有的近邻传播算法，以跳数为原则，对网络中的节点进行聚类操作，形成 SDN 子域并将控制器部署在聚类中心，再利用协同映射对控制器 - 交换机间的网络连接关系进行优化，以增强网络的稳定性。仿真结果显示，ASCMC 机制有效降低了控制器 - 交换机间的时延，控制器的负载均衡率至少提升了 26.7%，能较好地划分网络子域，合理部署控制器位置并与交换机进行高效映射，对 SDN 业务传输的整体性能优化效果较为明显。

第5章　面向SDN控制器负载均衡的交换机自适应迁移策略

在多域多控制器 SDN 中，业务传输在时间和空间上的不确定性，即在某一时间段或者某一区域内出现流量的激增或者瞬减，会导致控制器出现过载或者轻载状况，这严重影响了控制器的处理能力和业务传输效率。针对该问题，本章提出了一种面向 SDN 控制器负载均衡的交换机自适应迁移策略。首先，本章在各控制器节点上增加了功能模块，动态设置了控制器过载判定门限值；其次，通过负载收集与测量、过载判定、迁移域选择及自适应迁移等步骤，实现了控制器负载的优化调整；最后，仿真结果显示，该策略的性能优于现有交换机迁移策略的性能，迁移效率提升了 19.7%，实现了控制器负载的均衡分布。

5.1 引言

SDN 弥补了传统网络技术的固有缺陷，如结构刚性、配置复杂、更新困难等。SDN 通过完全分离控制平面与数据平面，将束缚在转发设备（交换机、路由器）内的控制功能抽象到上层，实现了灵活的网络管理和可编程功能 [115-117]。在 SDN 设计初期，控制平面由单一控制器组成，集中式管控整个网络。但随着网络规模不断扩大，典型的单一控制器架构已经难以满足海量的业务需求，极易出现单点失效和控制器过载等问题。为解决上述问题，多控制器分域部署方案应运而生。通过将 SDN 进行多域划分，在各子域内设置的一定数量的控制器可以管理子域内的交换机。同时，控制器间通过东西向接口相互协作，可以实现对整个网络的有效控制。

多控制器分域部署方案提升了控制平面的可扩展性和灵活性 [118-119]，但由于 SDN 中的业务流量具有时空分布特性 [120]，在某一时间段或某个区域内极易发生流量激增或瞬减的状况。因此各子域中的控制器负载差别较大，这容易导致控制器过载或轻载，不利于控制器负载均衡[121]与整个网络架构的稳定。当控制器负载过高时，高丢包率、高延迟、低吞吐量等网络性能下降的问题便接踵而来。

针对上述问题，本章提出了一种面向SDN控制器负载均衡的交换机自适应迁移策略。首先，该策略将SDN划分为多个子域，测量各子域内的控制器负载，将测量数据传到数据中心。其次，根据测量结果，动态设置控制器过载判定门限值，以判断在各子域内是否存在过载控制器。再次，基于自适应遗传算法[122]将过载控制器所在SDN子域作为交换机的迁出域，将与该子域相邻的控制器负载最轻子域选作交换机的迁入域。最后，应用存活期和淘汰机制，将迁出域内的交换机迁移至迁入域。

相关创新工作可以总结为如下三个方面。

（1）设计了基于自适应遗传算法的迁入、迁出域选择方案。

（2）应用迁移率实现了交换机迁入、迁出策略。

（3）设定交换机存活期和相应的淘汰机制，最终实现了各SDN子域内控制器负载均衡。

本章后续内容安排如下：5.2节对相关研究内容进行了阐述；5.3节对自适应迁移策略进行了问题描述及建模；5.4节对自适应迁移策略进行了设计与实施；5.5节对算法进行了仿真与结果分析；5.6节对本章内容进行了总结。

5.2 相关研究

多控制器负载均衡对于提升SDN网络流处理性能具有重要意义，因此该问题是目前的研究热点，受到研究人员的广泛关注。现有的研究方法主要分为以下两类。

（1）从静态角度，优化控制器部署位置和部署策略[123-124]，但该策略不能应对流量的动态变化，不能及时调整拓扑。

（2）从动态角度，通过交换机迁移及时调整网络控制器负载[125-131]，这类方法适应性较强，备受国内外研究人员的青睐。

在相关研究方面，文献 [120] 首次提出了一种弹性分布式网络，这种网络能够动态改变控制器与交换机间的映射关系，通过迁移交换机实现了控制器负载均衡；文献 [126] 限定了控制器的超载和轻载双门限阈值，经过门限值判定，将交换机从超载控制器迁移至就近的轻载控制器，但该方案针对局部网络负载较重的情况，未能发挥较好的作用；文献 [127] 在实现全局搜索的情况下，突破了局部限制，选择资源利用率较低的控制器作为迁移目标并迁移交换机，尽管达到了负载均衡的效果，但是忽略了交换机与控制器间的时延对网络传输的影响；文献 [128] 提出了一种交换机动态无缝迁移机制，该机制考虑了控制器负载、控制器与交换机间传输时延两项性能指标，但因频繁迁移交换机，网络开销较大；文献 [129] 采用负载通告策略，设定控制器负载和传输时延为约束条件，通过负载通告在各控制器出现过载情况时，不考虑其他控制器状况及时形成均衡决策，但其周期性的主动负载通告增加了额外的通信开销；文献 [130] 利用基于 NSGA- Ⅱ的多目标遗传算法，提出了基于多目标优化的 SDN 负载均衡方案，尽管其考虑了通信开销，但由于遗传算法计算量大、收敛性差，只适用于小型网络；文献 [131] 从降低通信代价的角度，优化了控制器部署及交换机动态迁移策略，采用宽度优先的搜索算法对交换机实施了再分配，但因算法复杂度呈指数增长，其难以在大规模网络中应用；文献 [71] 中的 ElastiCon 作为一种经典的交换机迁移方法，以最小化节点间跳数为交换机迁移的衡量度量；文献 [74] 则注重交换机的迁移效率，实现了较好的负载均衡策略，但未考虑物理链路节点间的连通性，使该方法的应用受到限制。

综合国内外的研究成果可以看出，当运用动态迁移交换机来解决 SDN 控制器负载的失衡问题时，均未考虑迁移过程中的网络性能、迁移代价，以及节点连通性对网络业务传输质量的影响，现有的迁移策略性能欠佳。

5.3 自适应迁移策略的问题描述及建模

SDN 多控制器分域部署方案有效增强了网络的可扩展性和可靠性[132]，但由此引发的控制器负载失衡问题影响了网络业务传输性能。本章将通过测量控制器负载和交换机流请求速率、判定迁出域和迁入域、迁移交换机由负载度高控制域至相邻最优迁入域等步骤对自适应迁移策略进行优化。

5.3.1 模型架构

为了实现所设计策略的功能，将 SDN 子域中的模块分为交换机链路模块、控制器模块、迁移模块三大部分。分布式 SDN 控制器负载均衡架构图如图 5.1 所示。

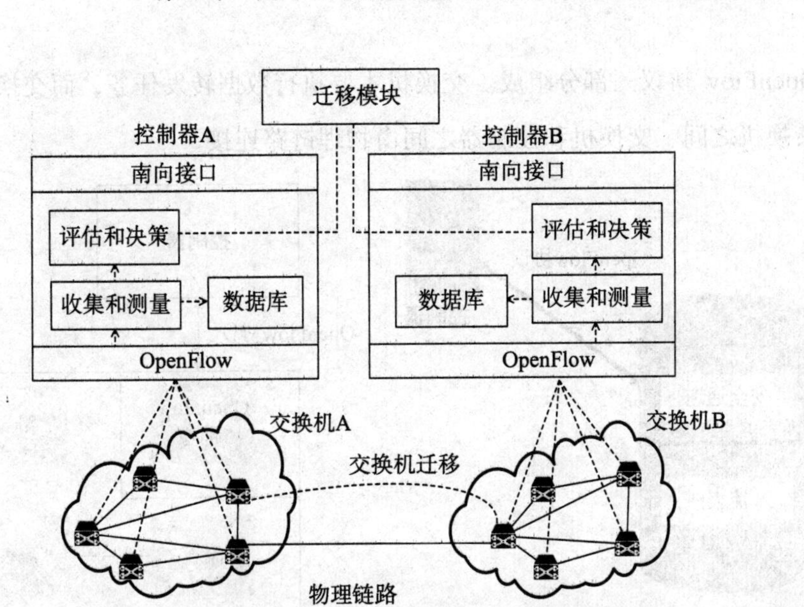

图 5.1　分布式 SDN 控制器负载均衡架构图

从图 5.1 可以看出，底层交换机和物理链路表示该子域的交换机链路模块，多个交换机通过物理链路相连接。交换机链路模块向上是控制器模块，负责管理网络中的流量和拓扑。迁移模块位于顶端，网络中的各个控制器都与迁移模块相连接，负责和协调交换机在各 SDN 子域内的有效迁移。

5.3.2　模块构成

1. 交换机链路模块

一个完整的 SDN 被切分成多个 SDN 子域，因此各个交换机群组也被归类到不同的 SDN 子域中。所有交换机都支持 OpenFlow 协议，且一个完整的 OpenFlow 交换机（如图 5.2 所示），由流表、安全通道及

OpenFlow 协议三部分组成。交换机主要执行数据转发任务，而交换机和交换机之间、交换机和控制器之间由物理链路连接。

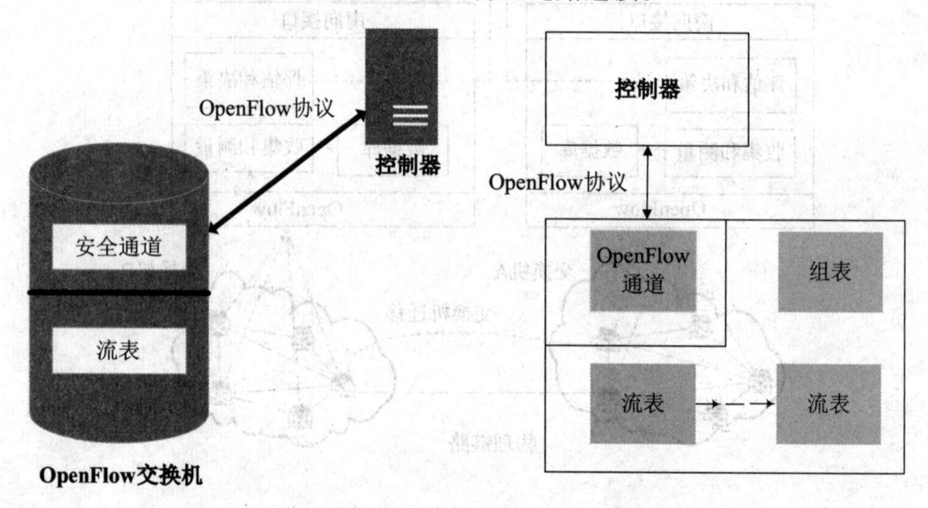

图 5.2　OpenFlow 交换机架构图

2. 控制器模块

在 SDN 中部署多个控制器，并且使不同的控制器归属于不同的 SDN 子域，各控制器负责管理相应子域的网络，并与其他子域的 SDN 控制器进行通信。现在对 SDN 控制器的内部模块进行设置，主要分为以下五个部分。

（1）南向接口，主要负责与数据平面通信。

（2）负载收集与测量模块，负责收集该控制器的负载信息，并聚合其他控制器的负载信息。

（3）评估与决策模块，通过设置动态门限值来评估控制器是否超载，进而根据评估情况进行决策。

（4）存储模块，负责储存子域内全部交换机的链路、拓扑及流量消息。

（5）北向接口，负责与应用平面进行通信。

3. 迁移模块

根据评估和决策的结果，协调各 SDN 子域实施迁移策略。通过选择迁出域和迁入域，将迁出域内的高流请求速率的交换机迁移至迁入域内，完成控制器的负载均衡。根据各个模块的功能，由图 5.3 来说明该迁移策略的实现过程。

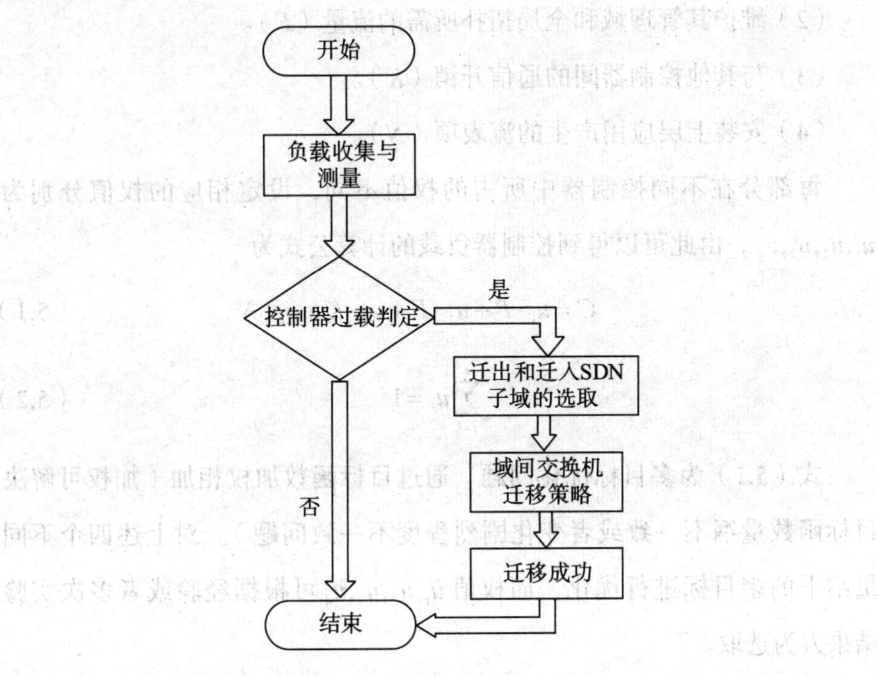

图 5.3　交换机迁移策略流程图

5.4 自适应迁移策略的设计与实施

5.4.1 负载收集与测量

1. 控制器负载的收集

在 SDN 中，控制器负载来源于以下四部分。

（1）待处理的 Packet_In 事件数（P）。

（2）维护其管理域和全局拓扑所需的流量（F）。

（3）与其他控制器间的通信开销（K）。

（4）安装上层应用产生的流表项（N）。

每部分在不同控制器中所占的权值不同，设定相应的权值分别为 u_1,u_2,u_3,u_4，由此可以得到控制器负载的计算公式为

$$C = u_1 \cdot P + u_2 \cdot F + u_3 \cdot K + u_4 \cdot N \tag{5.1}$$

$$\sum_{i=1}^{4} u_i = 1 \tag{5.2}$$

式（5.1）为多目标优化问题，通过目标函数加权相加（加权可解决目标函数量纲不一致或者变化剧烈程度不一致问题）。对上述四个不同量纲下的多目标进行优化，而权值 u_1,u_2,u_3,u_4 可根据经验或者多次实验结果人为选取。

2. 交换机负载度的测量

分布式 SDN 多控制器部署将整个网络划分为多个 SDN 子域，利用图论的知识，设网络拓扑为 $G(V,E)$，其中，V 代表网络中的交换

机，E 代表交换机之间的链路。将网络划分为 N 个子域，各子域可表示为 $S_i(W_i,L_i)$，其中，W_i 表示子域 S_i 中的交换机，L_i 表示 S_i 中的链路。因此，

$$G=\bigcup_{i=1}^{N} S_i \tag{5.3}$$

交换机的负载度即为交换机向控制器发出的 Packet_In 请求事件数，设为 f_k。设 SDN 子域 S_i 中的交换机个数为 M_i，所有交换机的负载度总和为 Load_{S_i}，如式（5.4）所示。

$$\mathrm{Load}_{S_i}=\sum_{k=1}^{M_i} f_k \tag{5.4}$$

SDN 子域 S_i 的平均负载度 $f_{\mathrm{avg}}^{S_i}$ 的计算如式（5.5）所示。

$$f_{\mathrm{avg}}^{S_i}=\frac{\sum_{k=1}^{M_i} f_k}{M_i} \tag{5.5}$$

整个 SDN 中共有 N 个子域，子域 S_i 的相对平均负载度 $F_{\mathrm{avg}}^{S_i}$ 如式（5.6）所示。

$$F_{\mathrm{avg}}^{S_i}=\frac{f_{\mathrm{avg}}^{S_i}}{\sum_{i=1}^{N} f_{\mathrm{avg}}^{S_i}} \tag{5.6}$$

5.4.2　控制器过载判定

网络业务在时间和空间上的波动性，极易导致各 SDN 子域控制器负载不均衡，因此该策略设计了一种控制器过载的动态判定机制。设置动态门限值为 L_A，用于表示控制器过载的门限值，超过该值即认为网络中有控制器出现过载；设置子域 S_i 中控制器的负载值为 C_i，判定过载门限

值为ε，则L_A的取值如式（5.7）所示。

$$L_A=\begin{cases}\varepsilon, & \exists C_i \leqslant \varepsilon \\ \dfrac{1}{N}\sum_{i=1}^{N} C_i, & \forall C_i > \varepsilon\end{cases} \tag{5.7}$$

5.4.3 选择与迁移策略

选择与迁移策略主要分为如下两部分内容：

（1）基于自适应遗传算法的迁入域和迁出域选择策略；

（2）基于存活期和淘汰机制的交换机动态迁移策略。

首先，利用自适应遗传算法搜索能力强的特点，设定适应度函数为度量，对进化过程中的每一代动态选择交叉概率和变异概率，进而得到实施迁移的最佳 SDN 子域。其次，计算迁入域和迁出域的相对平均负载度，动态地得到两个 SDN 子域的迁移率，并根据迁移率确定可进行迁移的交换机数目，按照交换机负载度的高低进行排序。最后，应用存活期和淘汰机制把迁出域内一定数目的高负载度交换机迁移到迁入域内，从而实现 SDN 多域控制器的负载均衡和交换机的均衡部署。

1. 迁出域和迁入域的选择

将控制器负载最大的子域设为迁出域S_h，迁入域则在综合考量各类影响因素后得到，既要考虑候选 SDN 子域的控制器负载情况，记为C，也要考虑迁入域和迁出域之间的传输时延，记为D，而迁入过程所产生的通信流量，记为T。设目标函数为Q，则

$$Q = w_1 \cdot C + w_2 \cdot D + w_3 \cdot T \tag{5.8}$$

式（5.8）为多目标优化问题，对上述候选 SDN 子域控制器负载情

况与迁入域、迁出域间的传输时延，以及迁入过程产生的通信流量三个目标函数进行加权相加（加权可以解决目标函数量纲不一致，或者变化剧烈程度不一致的问题），而权值 w_1, w_2, w_3 根据经验或者多次实验结果人为选取。

在与迁出域相邻的子域中，将具有目标函数最小值 $Q_{\min}$ 的子域设为迁入域，记为 S_l。本策略采用自适应遗传算法来求取目标函数的最小值 $Q_{\min}$，即迁入域。

自适应遗传算法是模拟生物进化过程的计算模型，通过设计运行编码和适应度函数，在遗传的前期和后期分别采用不同的交叉概率和变异概率，实现全局搜索与局部搜索之间的均衡，使进化朝着最优的方向进行。对自适应遗传算法中的要素进行如下设定：

（1）编码设计。首先采用二进制编码，将原问题转化为一个二进制的 0 ～ 1 字符串形式；其次在位串空间上采取迭代遗传操作，最后将得到的数值解码还原为解空间的解。例如，（0,1,1,0,1,0）就是一个长度为 6 的二进制编码染色体。

（2）适应度函数。该函数是度量遗传算法中解的好坏的一种标准，这里将目标函数 Q 作为该算法的适应度函数，并依据该函数计算个体的适应度。

（3）交叉和变异。这里的交叉操作指按照一致交叉的方式，将两个需配对的个体的部分基因进行交换，从而形成两个新个体。交叉概率记为 P_c。与之类似，这里的变异操作指对个体染色体编码串基因座上的一些基因进行互换操作，从而形成新的个体。变异概率记为 P_m。

迁入域、迁出域的选择算法见表 5.1 所列。迁出域、迁出域的选择算法的主要过程如下。

表5.1 迁入域、迁出域的选择算法

输入：SDN 子域$\{S_1,S_2,\cdots,S_N\}$（N为子域的个数） 控制器负载 C 目标函数 Q 迭代次数 I 遗传代数$x=0$
输出：迁出域S_h 迁入域S_l 目标函数最小值Q_{min} 0：无须选择迁入域、迁出域
1：Begin
2：计算各个 SDN 子域的平均负载度$\{f_{avg}^{S_1},f_{avg}^{S_2},f_{avg}^{S_3},\cdots,f_{avg}^{S_N}\}$
3：if $f_{avg}^{S_h}=MAX\{f_{avg}^{S_1},f_{avg}^{S_2},f_{avg}^{S_3},\cdots,f_{avg}^{S_N}\}$ then
4：将$f_{avg}^{S_h}$所处的 SDN 子域认定为迁出域S_h
5：else return 0
6：while
7：S_h的相邻子域个数为$r(r\leqslant N)$
8：相邻子域集合为$A=\{S_{h-1},S_{h-2},S_{h-3},\cdots,S_{h-r}\}$，$A\neq\varnothing$
9：$x=x+1$
10：do 将目标函数Q作为适应度函数，采用 01 编码，生成初始群体
11：计算S_h相邻子域的适应度值q_i，$i\in\{1,2,\cdots,r\}$
12：$q_{avg}=\frac{1}{r}\sum_{i=1}^{r}q_i$，$q_{max}=MAX(q_i)$，$i\in INT[1,r]$
13：Parent1: Select $S_{h-\alpha}$，$\alpha\in\{1,2,3,\cdots,r\}$，$q_\alpha\leqslant q_{avg}$
14：Parent2: Select $S_{h-\beta}$，$\beta\in\{1,2,3,\cdots,r\}$，$q_\beta>q_{avg}$
15：Begin Crossover
16：if $I<\frac{x}{r}$ then $P_c=a$（a为固定交叉概率）

续表

17：else　$I \geqslant \frac{x}{r}$ then
18：$P_c = \begin{cases} k_1, & q_c \leqslant q_{avg}, \\ \frac{k_2(q_{max} - q_c)}{q_{max} - q_{avg}}, & q_c \geqslant q_{avg}, \end{cases}$ q_c为交叉个体的适应度值
19：end if
20：Begin Mutation
21：if $I < \frac{x}{r}$ then $P_m = b$（b为固定变异概率）
22：else　$I \geqslant \frac{x}{r}$ then
23：$P_m = \begin{cases} k_3, & q_m \leqslant q_{avg}, \\ \frac{k_4(q_{max} - q_m)}{q_{max} - q_{avg}}, & q_m \geqslant q_{avg}, \end{cases}$ q_m为变异个体的适应度值
24：end if
25：通过交叉和变异计算得到新个体的适应度值，构成新一代群体
26：end while
27：if $x = I$ then
28：解码得到Q_{min}，选择具有Q_{min}的子域作为迁入域S_l
29：else　return 6
30：end if
31：End

首先确定要迁出的交换机的 SDN 子域（行 1 ～ 5），其次应用遗传算法求解出需要迁入交换机的 SDN 子域（行 6 ～ 31），与遗传算法步骤相对应，行 10 为编码过程，行 11 用来计算适应度值，行 15 和行 20 分别进行了交叉和变异操作。该算法的复杂度主要包括迁出域的确定和迁入域的确定两部分，其中确定迁出域的时间复杂度为 $O(N^2)$，而确定迁入域的时间复杂度为 $O(r^2)$。由于 $r < N$，因此整个算法的时间复杂度为 $O(N^2)$。

2. 交换机的自适应迁移策略

基于迁入域、迁出域的选择算法得到整个网络所需要的迁入域、迁出域，然后求解选定的迁入域、迁出域的平均负载度，进而得到两个SDN子域间的迁移率。根据迁移率将迁出域中一定数目的高负载交换机迁移到迁入域内，并加入存活期和淘汰机制，以防止在迁移过程中有多个迁出域对应一个迁入域，使迁入域内迁入过多的交换机，造成该迁入域负载骤增，产生二次迁移问题。

（1）迁移率调整。迁移率是对SDN子域的迁入和迁出能力的定量描述，通过迁移率的比较与计算可以得出能够迁入和迁出交换机的最佳数量。

现假设将SDN域中两个SDN子域记为S_p和S_q，由S_p到S_q的迁移率记为$M(p,q)$，同时由S_q到S_p的迁移率记为$M(q,p)$，则S_p和S_q的相对平均负载度分别为

$$F_{\text{avg}}^{S_p}=\frac{f_{\text{avg}}^{S_p}}{\sum_{i=1}^{N}f_{\text{avg}}^{S_i}} \tag{5.9}$$

$$F_{\text{avg}}^{S_q}=\frac{f_{\text{avg}}^{S_q}}{\sum_{i=1}^{N}f_{\text{avg}}^{S_i}} \tag{5.10}$$

若$F_{\text{avg}}^{S_p}<F_{\text{avg}}^{S_q}$，则其迁移率为

$$M(p,q)=|(F_{\text{avg}}^{S_p}-F_{\text{avg}}^{S_q})/F_{\text{avg}}^{S_p}| \tag{5.11}$$

若$F_{\text{avg}}^{S_p}\geqslant F_{\text{avg}}^{S_q}$，则其迁移率为

$$M(q,p)=|(F_{\text{avg}}^{S_q}-F_{\text{avg}}^{S_p})/F_{\text{avg}}^{S_q}| \tag{5.12}$$

（2）基于存活期的淘汰机制。根据迁移率可以判断迁入交换机的数量，由于迁移率的动态改变，会使平均负载度较低的 SDN 子域获得较多的迁入个体，这不可避免地会加大该子域的负载，并降低其性能。为了防止迁移引起的交换机部署不均衡和由迁入过多的交换机导致的迁入域相对平均负载度骤升，产生二次迁移问题，本策略设置了存活期和淘汰机制，即对参与迁移的交换机计算其存活期。若迁入个体的年龄大于它的存活期，则该迁入个体就要被淘汰，不再参与迁移。存活期基于以下两个原则：

①依据负载度判断，负载度低的交换机的存活期大于负载度高的交换机的存活期；

②从 SDN 子域的交换机规模判断是否接受新的交换机。

设定交换机的两个参数：年龄 $Y\left(X_j\right)$ 和存活期 $L\left(X_j\right)$。交换机 X_j 每经过一次迁移流程即为一代，其年龄加 1，其存活的代数不能超过存活期 $L\left(X_j\right)$。

$$L\left(X_j\right)=\min\left[\min LT+\frac{1}{2}\left(f_{\max}-f_{\min}\right)\frac{f\left(X_j\right)}{f_{\text{avg}}},\max LT\right]R \tag{5.13}$$

式中，$\min LT$ 是允许的最小寿命；$\max LT$ 是允许的最大寿命；$f\left(X_j\right)$ 为交换机的负载度函数；$f_{\max},f_{\min},f_{\text{avg}}$ 分别为当前域的最大、最小和平均负载度。为了防止子域的交换机数量过多或过少，引入规模控制门限值 R，并设置在 SDN 子域中交换机的最大数目为 $M_{\max}$，则规模控制门限值 R 为

$$R=\begin{cases}0, & \text{size}\geqslant M_{\max}\\ 1, & \text{size}<M_{\max}\end{cases} \tag{5.14}$$

综上所述，交换机的自适应迁移算法见表 5.2 所列。该算法的主要过程如下：确定需要从迁出域迁移 λ 个交换机至迁入域（行 1~4），并对

迁移的λ个交换机设置存活期，以确保迁移时间不超过存活期的交换机实现成功迁移（行 8~16）。当最终成功迁移的交换机数量大于待迁移的交换机数量λ时，迁移完成（行 20），否则返回行 10 进行迭代。迁移完成后输出新的 SDN 网络拓扑（行 23）。该算法主要是通过迭代计算交换机存活期并与阈值进行比较完成交换机迁移操作的，因此它的时间复杂度为$O(M\cdot\log M)$。

表5.2 交换机的自适应迁移算法

输入：迁出的 SDN 子域S_h 迁入的 SDN 子域S_l 年龄计数器$t=0$ 可供迁移的交换机数量λ S_h域内交换机数量M 迁移成功的交换机数量SUM
输出：新的 SDN 多域控制器网络拓扑 0：没有可供选择的交换机
1：计算S_h域内交换机X_h，$h\in\{1,2,3,\cdots,M\}$的负载度f_h
2：$\Omega=\{f_{1-h},f_{2-h},\cdots,f_{M-h}\}(f_{1-h}\geqslant f_{2-h}\geqslant\cdots\geqslant f_{M-h})$
3：计算S_h、S_l两个域的迁移率$M(h,l)$和$M(l,h)$
4：if $M(h,l)-M(l,h)\geqslant\delta$ then $\lambda=\mathrm{INT}\left[\dfrac{M(h,l)}{M(l,h)}\right]$
5：else return 0
6：end if
7：while
8：在集合Ω中选取的前λ个负载度对应的交换机记为集合Γ
9：$\Gamma=\{X_{1-h},X_{2-h},\cdots,X_{\lambda-h}\}\ (0<\lambda<M)$
10：计算集合Γ内交换机的存活期$L(X_j)$，$j\in\{1-h,2-h,\cdots,\lambda-h\}$

续表

11：if t < $L(X_j)$ then
12：放弃迁移交换机X_j
13：else　t ≥ $L(X_j)$
14：成功迁移交换机X_j
15：end if
16：t=t+1
17：if SUM < λ　then
18：Return 10
19：else SUM > λ then
20：结束迁移过程
21：end if
22：end while
23：新的 SDN 多域控制器网络拓扑

5.5　仿真与结果分析

5.5.1　仿真环境搭建

本章采用基于 Ryu 的分布式 SDN 控制器，该控制器具备开放的北向应用接口，并支持包括 OpenFlow 在内的多种 SDN 南向协议。底层支持混合模式的交换机和经典的 OpenFlow 交换机，配备了一个开放的模块化 SDN 控制器，将收集与测量模块、评估决策模块和存储模块添加了进去，并通过对迁移模块编程实现了整个域内交换机的迁移。运用 Cbench（controller benchmarker）软件，并使用 Mininet 来模拟整个网络拓扑。Cbench 软件通过模拟一定数量的交换机连接到控制器，发送 Packet-in 消息，并等待控制器下发 flow-mods 消息来衡量控制器的性能。Mininet 是由一些虚拟的终端节点、交换机、路由器连接而成的网络仿真器。现做出如下假设。

（1）各个控制器的容量和流处理能力基本相同。

（2）在迁移过程中，所建立的交换机链路不会失效。

（3）在整个网络中各个子域不可能同时处于高负载状态。

模拟一定数量的交换机连接到控制器的情景，即 1 个具有 5 个控制器和 100 个交换机的网络拓扑，将整个网络划分为 5 个 SDN 子域，每 1 个子域内各部署 1 个控制器。设定在交换机同等流量请求的条件下，控制器所能容纳的最大交换机个数为 30，在初始化分布时交换机随机连接到控制器上。通过增加交换机的 Packet-in 流的请求数可以使某些控制器在下发 flow-mods 消息中超载，无法承受过重负载的控制器发出迁移交换机请求，并根据迁移策略选择要迁移的交换机进行迁移。

5.5.2 仿真验证与分析

为了说明本迁移策略的有效性和均衡性，采用模拟主机在网络中发送数据包，在交换机上产生大量的流量负载，以此对本章所设计的交换机自适应迁移策略（adaptive migration policy, AMP）、ElastiCon[71] 提出的就近迁移策略（nearest migration policy, NMP）和随机迁移策略（random migration policy, RMP）的性能进行对比。控制器相对负载率是控制器所承受的负载与可承受最大负载的比值。

三种策略下控制器相对负载率随时间的变化情况如图 5.4 所示，由图 5.4 可以看出刚开始时设定三种策略下的控制器都处于过载状态，随着时间的推移，RMP 对要迁移的 SDN 子域进行了随机选择，导致曲线处于无规律波动状态，虽出现下降但波动幅度较大。在 0 ～ 60 s 内，NMP 和 AMP 都呈下降趋势，在大约 60 s 迁移完成后波动幅度减小，曲线趋于稳定，但 AMP 的相对负载率在 0.76 左右，明显比 RMP 的 0.91 低，AMP 将交换机的迁移效率提升了 19.7%，因此 AMP 使过载控制器负载得到明显改善，使控制器资源得到充分调动，使各个控制器负载更加均衡。

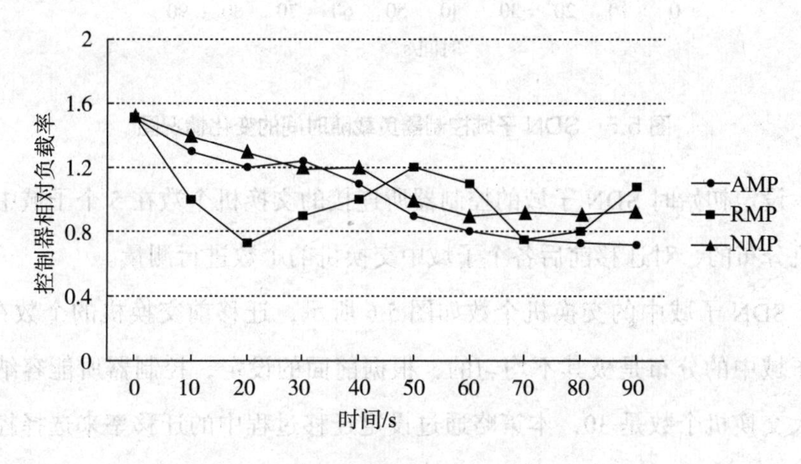

图 5.4　控制器相对负载率随时间的变化情况图

SDN 子域控制器负载随时间的变化情况如图 5.5 所示，在前 60 s 内，交换机的迁出域、迁入域内的控制器负载，大致均呈现明显的下降趋势。但由于迁入域中有部分负载度高的交换机从迁出域中迁移过来，因此其控制器负载出现一定程度的上升趋势。但在 60 s 之后，两个域内的控制器负载基本处于均衡状态。由数据统计可以看出，迁出域控制器的初始负载值设定为 1 400，迁入域控制器的初始负载值设定为 800，经过迁移之后，迁出域控制器负载值变为 1 133，相对于初始值降低了约 19.1%，同时迁入域控制器负载值变为 1 041，两个数值都低于控制器过载判定门限值 1 300，因此迁出域和迁入域的负载都得到了很好均衡。

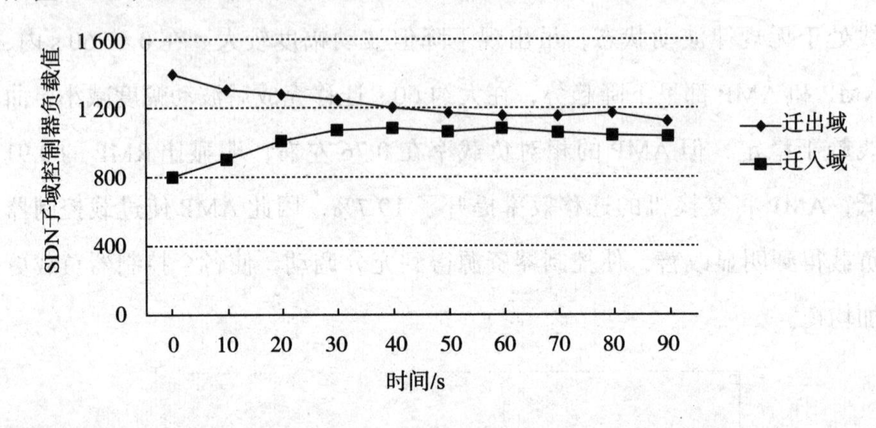

图 5.5　SDN 子域控制器负载随时间的变化情况图

设定初始时 SDN 子域的控制器所连接的交换机个数在 5 个子域中是随机分布的，对迁移前后各个子域中交换机的个数进行测量。

SDN 子域中的交换机个数如图 5.6 所示，迁移前交换机的个数在 5 个子域中的分布是极其不均匀的，根据前面的设定，控制器所能容纳的最大交换机个数是 30，本策略通过设定迁移过程中的迁移率来选择控制器的个数，并采用存活期和淘汰机制判断交换机是否能够成功迁移。经过迁移之后，整个网络中的交换机个数在各个 SDN 子域内的分布相对均衡了，避免了由迁移所带来的迁入域交换机个数大幅度上升而产生的二次迁移问题，提高了网络的可靠性和资源利用率。

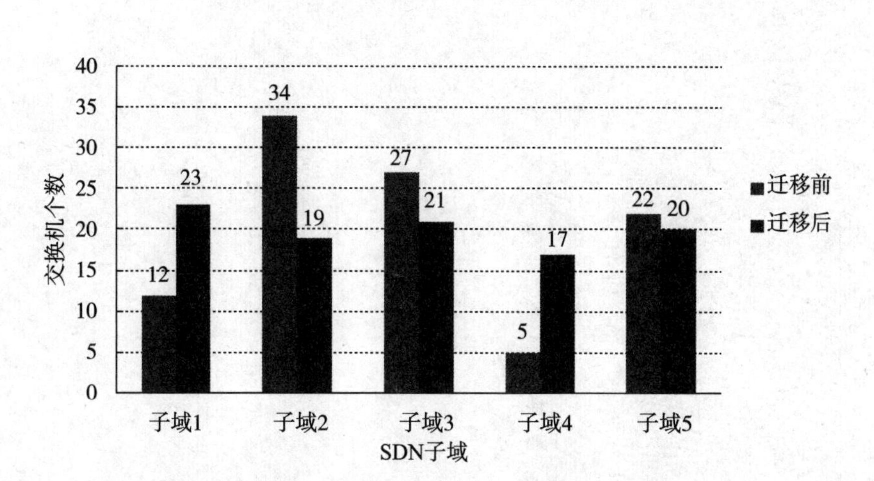

图 5.6　SDN 子域中的交换机个数图

5.6　本章小结

本章主要研究了多控制器环境下由业务流量激增或者激减导致的控制器负载不均衡问题，提出了一种面向 SDN 控制器负载均衡的交换机自适应迁移策略。该策略为各子域控制器添加了收集与测量模块、评估决策模块和存储模块，通过设定动态门限值判断是否存在过载控制器。除此以外，本章还设计了基于自适应遗传算法的迁入域、迁出域的选择策略，采用存活期和淘汰机制对交换机进行了 SDN 多域间迁移。仿真结果显示，该策略与现有交换机迁移策略相比，迁移效率提升了 19.7%，均衡了各子域控制器的负载。

第 6 章　研究成果及下一步研究工作

本章对本书所有研究成果进行概括和总结，并对软件定义网络业务传输优化技术中有待深入研究的问题进行思考和展望。

6.1 研究成果

当前，各类基于SDN的网络基础设施特别是数据中心网络的不断发展，以及手机、平板电脑、智能穿戴等智能终端的应用与普及，使软件定义网络业务传输性能面临严峻的挑战。本书针对软件定义网络业务传输技术的优化，研究了SDN业务传输框架、网络业务高维感知方法、多域间业务控制协同性机制及网络控制器负载均衡策略四个问题，主要研究成果如下。

（1）针对软件定义网络业务传输优化的需求，设计了一种基于群集运动的SDN业务传输框架。

作为SDN业务传输的架构支撑，受生物界群集运动“个体自主运动，整体智能协同”特征的启发，以实现当前分布式全网状态感知、区域自主协同、全局负载均衡为优化目标，设计了一种基于群集运动的SDN业务传输框架。本书在SDN架构中引入了知识平面，给出了该框架的功能模型及相应的数据层、控制层和服务层功能函数，将群集运动的智慧协同与SDN框架进行了功能适配，并详细阐述了实现基于群集运动的SDN业务传输框架的关键机制。仿真结果显示，该框架有效提升了SDN业务传输的智能决策和高效控制能力。

（2）针对节点性能受限难以完成网络业务高维状态感知的问题，提出了一种基于降维与分配的SDN业务感知算法。

在SDN业务传输框架下，本书充分考虑了业务感知率、感知代价、感知节点均衡率等重要性能指标，提出了一种基于降维与分配的SDN业务感知算法。该算法分为以下两个阶段。

①将高维感知业务进行降维处理，划分为多个低维子业务。

②依据网络节点的状态和性能匹配感知业务，即子业务分配，引入调节参数调节各节点参与感知业务的概率，并设置权衡因子来均衡节点感知代价和参与感知的节点数量。

仿真结果显示，随着感知节点个数的增多，业务感知率趋于100%，感知代价较低且与网络规模成反比，该算法能有效提高节点感知均衡性，从而为软件定义网络业务传输优化提供了高效、精确的感知依据。

（3）针对SDN多域管理中业务控制协同性差的问题，提出了一种基于近邻情景感知的多域协同控制机制。

在SDN业务传输框架下，从控制器部署位置及控制器－交换机连接关系的角度出发，本书提出了一种基于近邻情景感知的多域协同控制机制。该机制包括近邻传播的网络分域算法和协同映射的负载优化算法。其中，近邻传播的网络分域算法改进了现有的节点聚类算法，通过设置跳数规则，对网络中的节点进行了聚类操作，形成了SDN子域并在聚类中心部署了控制器。而协同映射的负载优化算法，则利用协同映射对交换机和控制器之间进行了智能匹配，优化了网络连接关系，增强了网络稳定性。仿真结果显示，在该机制下控制器的负载均衡率至少提高了26.7%，从静态角度实现了对软件定义网络业务传输的优化。

（4）针对网络业务流量突变导致控制器负载失衡的问题，提出了一种面向SDN控制器负载均衡的交换机自适应迁移策略。

在SDN业务传输框架下，针对网络业务流量短时激增或瞬减造成的负载失衡问题，本书提出了一种面向SDN控制器负载均衡的交换机自适应迁移策略。该策略首先为各子域内的控制器添加了收集与测量模块、评估决策模块和存储模块，并根据测量情况动态地设置了控制器过载判定门限值。其次基于自适应遗传算法设定了迁出域、迁入域。最后应用存活期和淘汰机制，将交换机进行了控制域间的迁移。仿真结果显示，该策略与现有的交换机迁移策略相比，迁移效率提升了 19.7%，各子域控制器的负载和交换机的数量皆达到了均衡状态，从动态角度实时优化了软件定义网络业务传输。

6.2　下一步研究工作

从本书的研究成果及未来网络发展趋势来看，软件定义网络业务传输优化技术仍需进一步探索与研究，其完善与发展将是一个长期而艰苦的过程，因此，后续将从以下几个方面进行深入学习与研究。

6.2.1　SDN 框架功能

在提出基于群集运动的 SDN 业务传输框架基础上，进一步完善其功能模块，细化各种技术路线的实现方案，并进行仿真实验。同时，探索人工智能、机器学习等技术与 SDN 框架功能的深层结合，不断扩充 SDN 框架的智能功能，以应对网络业务传输的更高要求。

6.2.2　SDN 业务感知

在提出高维 SDN 业务感知算法的基础上，进一步考虑网络状态数据间的关联性。本书的高维 SDN 业务感知算法是基于各维状态数据相互独立的感知方式的，然而在现实中，状态数据间是具有相关性的。因此针对某些具体的感知业务，在子业务划分时增加数据相关性的约束，可以进一步降低高维业务感知的难度和开销，并提升感知效率。

6.2.3 SDN 控制器功能

在提出多控制器多域协同控制机制的基础上，进一步探索异构控制器间的高效协作方案。由于 SDN 中控制器的种类较多，设计思路与编程语言不尽相同，如果控制器部署在同一区域内会出现无法兼容或者策略冲突的情况，因此，研究异构控制器间的高效协作和策略一致，能够更好地实现网络的互联互通。同时，在提出交换机自适应迁移策略的基础上，进一步探讨交换机迁移的代价问题。交换机迁移固然实现了控制器负载的动态调整，但在迁移过程中产生了额外的代价，将其作为评定交换机迁移策略优劣的指标，可以有效提升迁移策略的性能，促进迁移策略的不断优化改进。

6.2.4 SDN 与传统网络共存

伴随着 SDN 的不断发展，SDN 与传统网络长期共存形成混合网络。这就需要使 SDN 设备与传统网络设备高效兼容，为了降低更换成本，生产商普遍选择将 SDN 相关协议嵌入传统设备中，而这无疑增加了传统网络的复杂度，使设备越发臃肿，此时采用协议抽象技术保障了各种协议安全、稳定地运行在统一模块中，从而减轻了设备负担。此时传统网络中的中间件凸显了重要性，在网络地址转换缓解第 4 版互联网协议（Internet protocol version, IPv4）地址危机、防火墙安全等问题中发挥了作用。但是其种类复杂，并且存在屏蔽设备的可能性，极易造成网络配置灵活性降低，从而引发 SDN 与传统网络不能兼容。因此，只有建立标

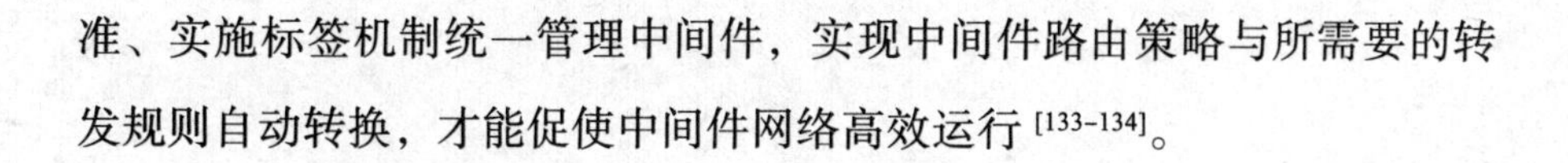

准、实施标签机制统一管理中间件，实现中间件路由策略与所需要的转发规则自动转换，才能促使中间件网络高效运行[133-134]。

6.2.5　SDN 与其他新型网络融合

从架构上讲，SDN 与其他新型网络架构可以形成互补，助推未来网络的创新发展。例如，信息中心网络（information-centric networking, ICN）[135]是以用户获取信息为目的的网络形式，其基本行为模式有两种，即请求和获取。以此为服务中心，能够提升网络资源利用率和服务质量。内容分发网络（content delivery network, CDN）和命名数据网络（named data networking, NDN）两种新型互联网架构中同样存在数据转发与控制信息耦合的问题，将 SDN 技术应用于 ICN 中实现控制信息的解耦，有效实现了两种网络框架的优势融合，是未来网络进一步发展的又一契机[136-137]。主动网络[138]具有可编程性，可以使执行环境（控制层）直接执行代码，提升网络灵活性，该网络架构虽未在实际中得到应用，但将其技术与 SDN 有效结合，可以大大增强 SDN 可编程的灵活性。

6.2.6　SDN 网络安全

SDN 架构的开放性与传统网络设备的封闭性形成鲜明对比，而开放式的接口将面临新形式的安全威胁和网络攻击。控制器对交换机进行蠕虫病毒攻击[139]、交换机向控制器发送 DDoS 攻击[140]、非法用户恶意占有 SDN 所有带宽[141]等，都是 SDN 的安全问题，会引发网络全方位瘫痪。建立安全的认证机制[142]和安全框架[143]以及安全策略等，是保障 SDN 安全高效运行的途径，第 7 章将对相关内容进行介绍。

第 7 章　未来网络体系架构研究热点

SDN 体系架构作为未来网络体系架构的研究热点之一，其在网络结构简化、可扩展性增强、兼容性拓广等方面展现了一定的优势。当前，在互联网从最初的科研型网络向生产型网络转变的过程中，SDN 迎来了新的发展机遇，在技术上和应用中期望更加动态、灵活与安全。本章主要是第 6 章中“下一步研究工作”中的“6.2.6 SDN 网络安全”的相关内容的一些研究综述工作。

近 10 年，SDN 在 5G 和物联网等领域的广泛应用中，相较于传统网络提供了构建高度可扩展、可靠和自动化的数据中心基础设施的解决方案[144]，但因其独有的三层体系架构存在一定的安全漏洞[145]，SDN 的性能有所下降。因此，SDN 的网络安全问题广泛受到相关学者、制造商和运营商的关注，成为 SDN 研究领域的又一重要课题。而最终 SDN 系统的安全架构设计和攻击防御，是判断其正常交付使用的重要标准。就目前 SDN 网络安全研究方向来看，强调 SDN 体系架构的可用性、机密性及完整性。例如，SDN 的网络开源性和控制器的集中控制管理特征，容易引发控制器单点失效、DoS（denial of service）/ DDoS 攻击和信息泄露问题[146]。学者在 SDN 安全机制和解决措施方面进行了一系列研究。Kreutz 等[147]对 SDN 进行了整体分析，包括体系架构安全性，但没有给出解决安全问题的方案。Han 等[148]重点分析了 SDN 控制器的一些安全威胁，以及一定的缓解技术。Ahmad 等[149]讨论了由 SDN 的多层体系架构引发的安全问题和相关解决方案。徐玉华等[150]提出了 SDN 体系架构下有效的异常流量检测机制，并简要描述了解决方案。

结合 SDN 体系架构的特点，以及上述对其相关安全问题的分析，可以将 SDN 面临的安全威胁和相应对策分为三类，按照 SDN 的应用层、控制层和数据层逐层分析介绍。图 7.1 根据 SDN 分层，简要列出了各层可能存在的安全隐患。

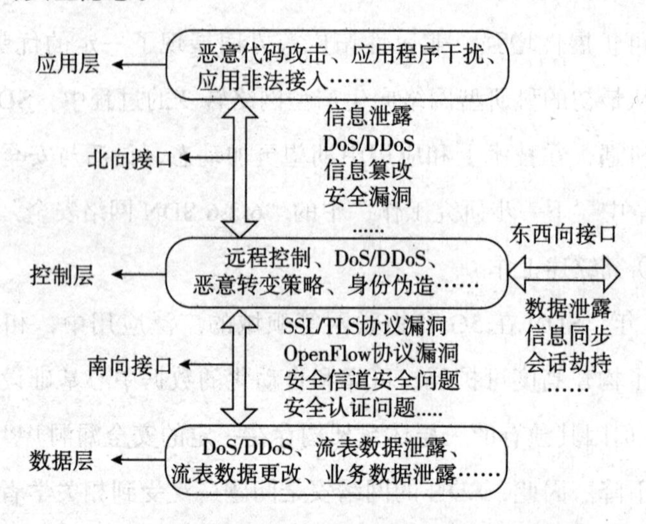

图 7.1　SDN 体系架构中各层可能存在的安全隐患

7.1　应用层安全隐患

SDN 的应用层主要用于提供一系列的应用程序，这些程序种类繁多，来自开发人员或者第三方。这些程序主要包括路由策略、协议和防火墙等，通过控制器实现 SDN 的安全请求，对系统自身需求的满足至关重要。程序的多样性可能为 SDN 带来安全隐患。一些恶意应用程序经过模拟成为合法应用程序，通过控制器篡改其配置信息或者植入错误的规则，产生破坏行为甚至改变网络运行模式 [151]。针对应用层 / 北向接口，安全隐患大致归纳为三类，见表 7.1 所列。

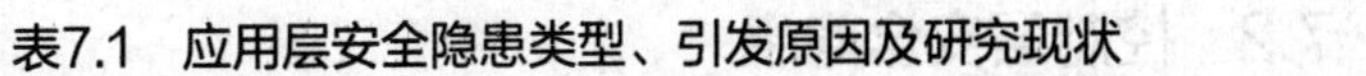

表7.1　应用层安全隐患类型、引发原因及研究现状

安全隐患类型	引发原因	研究现状
应用程序间	多个应用程序间相互干扰，导致网络策略冲突[152]。由自发产生攻击	Li 等人[153]开发了能够检测多种 SDN 应用的干扰检测器，用于分析多个应用程序间的复杂交互行为，并基于新的算法识别可能产生的干扰。 Hu 等人[154]提出了一种将策略的操作和重构字段结合起来的解决方案。该方案分为两个阶段：一是检测干扰，二是建立多标准决策机制，按优先级顺序执行，以消除冲突的应用程序干扰
访问控制	应用程序无法识别有效身份验证，缺乏访问控制机制，频繁的信任关系攻击出现在北向接口，网络持续处理非法请求，耗尽网络资源	通过粗粒度、细粒度访问控制机制解决应用程序中的授权问题。粗粒度多用于独立系统或应用程序外部漏洞，细粒度的优势是在应用程序权限中有更大的粒度和更细微的控制。由于 SDN 体系架构具有多域性和开放性，严格的访问控制机制或者粗粒度、细粒度的合并容易导致权限的滥用和网络性能的降低。因此，人们更倾向细粒度访问控制
身份验证		Chang 等人[155]基于角色访问控制和多域访问控制（multi-domain usage control, MD-UCON）提出了一种访问控制机制。该机制通过引入跨域角色映射方法，应用于 SDN 北向接口的访问控制中，支持跨域访问授权。 Tseng 等人[156]研发了一个独立于控制器的动态访问控制系统，以对 OpenFlow 应用程序进行身份验证和授权，保护 SDN 控制器不被 API 滥用。该系统具有基于密码和基于令牌的身份验证性，可以验证 ID 请求是否合法

7.2 控制层安全隐患

SDN 的控制层主要集中各种控制逻辑，通过控制器管理和分发各种请求。现有的控制器多数是开源的，各自拥有独立的编程语言和接口，其种类可达 30 余种。控制器主要分为集中式架构和分布式架构两类，按照控制器部署的种类，其存在的安全隐患主要见表 7.2 所列。

表7.2 控制层安全隐患类型、特点及隐患、研究现状

安全隐患类型	特点及隐患	研究现状
集中式架构	单个控制器，管理简单，吞吐量需求较低。 单点故障造成全局瘫痪，且易受 DoS 或 DDoS 攻击 [157]	Benamrane 等人 [158] 实现了分布式控制平面的通信接口，该接口能够让多个分布式 SDN 控制器之间同步，协同信息及服务，保障了分布式部署的防火墙安全和负载均衡。 Macedo 等人 [159] 利用 Gossip 协议，使用反熵方法，对过载控制器中的恶意流量进行检测，从中选取相对稳定的控制器来对抗 DDoS 攻击。 Lam 等人 [160] 提出使用基于身份的多域密码学保护协议保障分布式 SDN 部署的通信质量
分布式架构	多个控制器，应用于多域、异构网络。 控制器与控制器之间的协同性、均衡性与整体服务质量保障	

除了按架构分类可能存在的安全隐患外，由零日漏洞引起的攻击也需要被考虑，该攻击会影响所有控制器，导致整个 SDN 体系架构瘫痪。目前，多利用实现入侵检测系统（intrusion detection system, IDS）来解决该攻击问题。一般检测系统有两种类型：基于特征的入侵检测系统（SIDS）和基于异常的入侵检测系统（AIDS）[161]。SIDS 的功能是被动的，它只能检测已知攻击，不能检测未知攻击，在检测零日漏洞方面效率较低。AIDS 主要试图通过使用基于统计、基于知识和基于机器 / 深度学习等的思路来解决问题。

7.3 数据层安全隐患

OpenFlow、OVSDB、OpFlex 和 NETCONF 等协议在数据平面和控制平面间通过南向接口通信。其中，应用最为广泛的是 OpenFlow，它已具有行业标准。然而由于该通信标准来源于开放网络基金会，安全传输层（transport layer security, TLS）的配置较为复杂，且多数供应商选择性使用传输层安全协议，SDN 本身的安全性无法得到保障，容易使网络基础设施受到攻击，引发极大争议。

网络基础设施如交换机、路由器等，集中在数据平面，它们的主要任务是发现、更新拓扑及转发决策，提供链路发现服务和主机跟踪服务[162]，二者都很重要。往往在拓扑更新时数据包交换过程易产生安全问题，引发的原因主要是控制器的主机跟踪服务缺乏安全机制及链路层发现协议（link layer discovery protocol, LLDP）数据包的来源缺乏足够的认证机制。同时，在网络拓扑更新的过程中，容易触发其他攻击，如 DoS 攻击[163]。诸如入侵主机的 DoS 和 DDoS 攻击，对任何网络架构都构成了巨大的威胁，SDN 也不例外。如何能够准确识别并有效缓解，一般意义上取决于安全检测的程度。与单个主机发起的 DoS 攻击不同，DDoS 攻击通过多个主机发起，对其识别过程相对复杂，如 MAC 或 IP 地址欺骗等[164-165]。

针对上述数据平面存在的安全隐患，按照无状态数据平面和有状态数据平面来区分，其相关研究内容见表 7.3 所列。

表7.3　数据平面安全隐患类型及研究现状

安全隐患类型	研究现状
无状态数据平面：交换机无存储并执行控制平面下发的决定	检测内部攻击：SPHINX 框架对网络拓扑、数据平面转发存在的已知和未知攻击进行了检测，动态学习了网络行为并在检测中发出了警报。 网络拓扑中毒攻击：Hong 等人[166]提出了 TopoGuard 的缓解方法，实现了 SDN 控制器的安全扩展，该方法可自动和实时检测网络拓扑中毒攻击。 数据包注入攻击：Alshr'a 等人[167]提出了基于硬件对验证访问网络资源的数据包传入消息，进行身份验证，从而保护受感染的控制器。 DDoS 攻击：Sahoo 等人[168]设计了一个通过机器学习来检测和缓解 DDoS 攻击的框架。Huang 等人[169]基于熵的解决方案，提出了一个安全网关和一个蜜罐技术（HoneyPot）。安全网关通过防御和过滤算法判断是否存在 DDoS 攻击。若确认存在则将流量发送到 HoneyPot；若确认不存在就向控制器请求转发规则，并部署在交换机中。 Badotra 等人[170]通过使用入侵检测系统 SNORTIDS 创建了一个早期 DDoS 检测工具。Dehkordi 等人[171]提出了基于熵的静态阈值和机器学习的动态阈值两种类型的阈值，检测 DDoS 攻击的方法
有状态数据平面：通过控制器查询行动指令，控制平面委托数据平面功能，实现网络“动态化”	将网络应用程序的可编程性扩展到数据平面，保留本地状态信息在交换机中，使其可以在不查询控制器的情况下控制包转发，让网络具有更大“动态性”。 Lewis 等人[172]设计了 P4ID，结合规则解析器，通过 P4（programming protocol-independent packet processors）处理了无状态和有状态的数据包，该技术显著减少了 IDS 正在处理的流量。Hwang 等人[173]构建了基于 P4 的安全框架 StateFit，它能够灵活地过滤 SDN 可编程交换机上的攻击流量。Musumeci 等人[174]通过结合机器学习和 P4 状态数据平面，提出了一个实时检测 DDoS 攻击的方法，使用了 K 近邻算法、随机森林和支持向量机等，对交换机获取流量信息进行分类并判断是否存在攻击

7.4　其他待研究问题

安全问题是所有网络架构中一个具有挑战性的研究领域，在已知中仍然存在着许多尚未解决的问题。针对 SDN，除上述一些安全隐患及其解决方案外，SDN 的体系架构设计、各个接口、安全机制及可扩展性都是安全研究的方向。例如，一味将控制平面功能委托给数据平面，会牺牲 SDN 原有体系架构的属性。而对于各个接口的标准化研究也极为迫切，通过标准化接口可以减少大量第三方应用产生的攻击，同时可以形成统一的防御方案以缓解攻击。如果能够建立额外的安全保障机制，尽管会对资源等成本效益产生影响，但可以有效保障网络服务，通过较小的成本就可以阻止 SDN 受到攻击。

参 考 文 献

[1] CISCO. Cisco visual networking index: global mobile data traffic forecast update, 2015–2020[R/OL].[2024–08–10]. https://doc.mbalib.com/view/06bc62f636edc919d8ae65a7729489a3.html.

[2] AWDUCHE D, CHIU A, ELWALID A, et al. Overview and principles of Internet traffic engineering[R/OL].[2024–08–10]. https://www.rfc–editor.org/rfc/rfc3272?trk=article–ssr–frontend–pulse_x–social–details_comments–action_comment–text.

[3] 邬江兴，兰巨龙，程东年，等 . 新型网络体系结构 [M]. 北京：人民邮电出版社，2014.

[4] BAE J J, SUDA T. Survey of traffic control schemes and protocols in ATM networks[J]. Proceedings of the IEEE, 1991, 79(2): 170–189.

[5] WANG N, HO K H, PAVLOU G, et al. An overview of routing optimization for Internet traffic engineering[J]. IEEE Communications Surveys & Tutorials, 2008, 10(1): 36–56.

[6] COLE R, SHUR D, VILLAMIZAR C. IP over ATM: a framework document[S/OL]. [2024–08–10]. https://www.rfc–editor.org/rfc/rfc1932.html.

[7] CASTINEYRA I, CHIAPPA N, STEENSTRUP M. The Nimrod routing architecture[S/OL]. [2024–08–10]. https://www.rfc-editor.org/rfc/rfc1992.

[8] HOPPS C. Analysis of an equal-cost multi-path algorithm[R/OL]. [2024–08–10]. https://www.rfc–editor.org/rfc/rfc2992.html.

[9] ELLIOTT C. GENI-global environment for network innovations[C/OL]. [2024–08–10]. https://ieeexplore.ieee.org/stamp/stamp.jsp?tp=&arnumber=4664143.

[10] PAUL S, PAN J L, JAIN R. Architectures for the future networks and the next generation Internet: a survey[J]. Computer Communications, 2011,34 (1): 2–42.

[11] LEMKE M. The European FIRE future Internet research and experimentation initiative[C]//2009 5th International Conference on Testbeds and Research Infrastructures for the Development of Networks & Communities and Workshops. Piscataway: IEEE Press, 2009: 2–3.

[12] AKARI project[EB/OL]. [2024–08–10]. http://akari–project.nict.go.jp/eng Andex2.htm.

[13] SOFIA[EB/OL]. [2024–08–10]. http://www.doc88.com/p–500834853705.html.

[14] 兰巨龙，程东年，胡宇翔 . 可重构信息通信基础网络体系研究 [J]. 通信学报，2014，35（1）：128–139.

[15] 张宏科，罗洪斌 . 智慧协同网络体系基础研究 [J]. 电子学报，2013，41（7）：1249–1254.

[16] The Internet engineering task force[EB/OL]. [2024–08–10]. https://pc.nanog.org/static/published/meetings/NANOG77/2074/20191029_Bonica_Ietf_Track_v1.pdf.

[17] YANG L, DANTU R, ANDERSON T, et al. Forwarding and control element separation（ForCES）framework[S/OL]. [2024–08–10]. https://www.rfc–editor.org/rfc/rfc3746.html.

[18] GREENBERG A, HJALMTYSSON G, MALTZ D A, et al. A clean slate 4D approach to network control and management[J]. ACM SIGCOMM Computer Communication Review, 2005, 35(5): 41–54.

[19] CASADO M, GARFINKEL T, AKELLA A, et al. SANE: a protection architecture for enterprise networks[C/OL]. [2024-08-10]. https://www.usenix.org/legacy/event/sec06/tech/full_papers/casado/casado.pdf.

[20] CASADO M, FREEDMAN M J, PETTIT J, et al. Ethane: taking control of the nnterprise[J]. ACM SIGCOMM Computer Communication Review, 2007, 37(4): 1-12.

[21] Open networking foundation[EB/OL]. [2024-08-10]. https://www.opennetworking.org.

[22] KREUTZ D, RAMOS F M V, VERISSIMO P, et al. Software-defined networking: a comprehensive survey[J]. Proceedings of the IEEE, 2015, 103(1): 14-76.

[23] MCKEOWN N, ANDERSON T, BALAKRISHNAN H, et al. OpenFlow: enabling innovation in campus networks[J]. ACM SIGCOMM Computer Communication Review，2008，38 (2) : 69-74.

[24] 崔琳，朱磊，刘小龙，等 . 基于 STM32F407 的以太网通信模块设计 [J]. 计算机测量与控制，2018，26（1）：260-263.

[25] 张洁 . 电能质量问题模拟电源的数据采集系统研制 [D]. 西安：西安工程大学，2018.

[26] 赵晓田 . 多功能数据采集器的研制 [D]. 西安：西安工程大学，2016.

[27] MARCONETT D, YOO S J B. Flow Broker: a software-defined network controller architecture for multi-domain brokering and reputation[J]. Journal of Network and Systems Management, 2015, 23: 328-359.

[28] ISOLANI P H, WICKBOLDT J A, BOTH C B, et al. Interactive monitoring, visualization, and configuration of OpenFlow-Based

SDN[C/OL]. [2024-08-10]. https://lume.ufrgs.br/bitstream/handle/10183/127452/000974184.pdf?sequence=1.

[29] KOKILA R T, SELVI S T, GOVINDARAJAN K. DDoS detection and analysis in SDN-based environment using support vector machine classifier[C]//2014 Sixth International Conference on Advanced Computing. New York: IEEE, 2015: 205-210.

[30] MOUSAVI S M, ST-HILAIRE M. Early detection of DDoS attacks against SDN controllers[C/OL]. [2024-08-10]. http://140.116.82.170/presentation/group_pdf/Early%20Detection%20of%20DDoS%20Attacks%20against%20SDN%20Controllers.pdf.

[31] MIAO W, AGRAZ F, PENG S P, et al. SDN-enabled OPS with QoS guarantee for reconfigurable virtual data center networks[J]. Journal of Optical Communications and Networking, 2015, 7(7): 634-643.

[32] NADEAU T D, GRAY K. SDN: software defined networks: an autboritative review of network programmability technologies[M]. San Francisco: O'Reilly Media, Inc. 2013.

[33] GUDE N, KOPONEN T, PETTIT J, et al. NOX: towards an operating system for networks[J]. ACM SIGCOMM Computer Communication Review, 2008, 38(3): 105-110.

[34] KOPONEN T, CASADO M, GUDE N, et al. Onix: a distributed control platform for large-scale production networks[C/OL]. [2024-08-10]. https://www.usenix.org/legacy/event/osdi10/tech/full_papers/Koponen.pdf.

[35] Project Floodlight[EB/OL]. [2024-08-10]. https://github.com/floodlight.

[36] Proiect OpenDaylight[EB/OL]. [2024–08–10]. https://www.opendaylight.org/.

[37] Project ONOS[EB/OL]. [2024–08–10]. http://www.onosproject.org/.

[38] YU M, REXFORD J, FREEDMAN M J, et al. Scalable flow-based networking with DIFANE[J]. ACM SIGCOMM Computer Communication Review, 2010, 40(4): 351–362.

[39] CURTIS A R, MOGUL J C, TOURRILHES J, et al. DevoFlow: scaling flow management for high-performance networks[J]. ACM SIGCOMM Computer Communication Review, 2011, 41(4): 254–265.

[40] Beacon[EB/OL]. [2024–08–10]. http://www.beaconcontroller.net.2012.

[41] CAI Z. Design and implementation of the Maestro network control platform[D]. Houston: Rice University, 2009.

[42] TOOTOONCHIAN A, GANJALI Y. HyperFlow: a distributed control plane for OpenFlow[C/OL]. [2024–08–10]. https://www.usenix.org/legacy/event/inmwren10/tech/full_papers/Tootoonchian.pdf.

[43] YEGANEH S H, GANJALI Y. Kandoo: a framework for efficient and scalable offloading of control applications[C/OL]. [2024–08–10]. https://dl.acm.org/doi/pdf/10.1145/2342441.2342446.

[44] CHEN H C, CHENG G Z, WANG Z M. A game-theoretic approach to elastic control in software-defined networking[J]. China Communications, 2016, 13(5):103–109.

[45] FAN W, XU H, LI J. Research on routing algorithm for load balancing with IPv6 anycast under SDN[J]. Small Computer Systems, 2019, 40(3): 545–551.

[46] 余晨 . 基于智能 SDN 的传输优化和流量分配机制研究 [D]. 杭州：浙江大学，2018.

[47] CLARK D D, PARTRIDGE C, RAMMING J C, et al. A knowledge plane for the Internet[C/OL]. [2024-08-10]. https://dl.acm.org/doi/pdf/10.1145/863955.863957.

[48] YAO H P, JIANG C X, QIAN Y. Developing networks using artificial intelligence[M]. Cham, Springer International Publishing, 2019.

[49] CHEN T J, LIU J, HUANG T. Application of artificial intelligence in network orchestration system[J]. Telecommunications Science, 2019, 35(5): 9-16.

[50] Cisco IOS NetFlow command reference[EB/OL]. [2024-08-10]. https://www.cisco.com/c/en/us/td/docs/ios-xml/ios/netflow/command/nf-cr-book.pdf.

[51] Traffic monitoring using sFlow[EB/OL]. [2024-08-10]. http://www.sflow.org/.

[52] BANDI N, METWALLY A, AGRAWAL D, et al. Fast data stream algorithms using associative memories[C/OL]. [2024-08-10]. https://citeseerx.ist.psu.edu/document?repid=rep1&type=pdf&doi=92553e3c659a229a153cffa8605fd5e43a73dcc6.

[53] CORMODE G, KORN F, MUTHUKRISHNAN S, et al. Finding hierarchical heavy hitters in streaming data[J]. ACM Transactions on Database Systems, 2007, 5: 1-43.

[54] HOMEM N, CARVALHO J P. Finding top-*k* elements in data streams[J]. Information Sciences, 2010, 180: 4958-4974.

[55] HUANG Q, LEE P P C. A hybrid local and distributed sketching design for accurate and scalable heavy key detection in network data streams[J]. Computer Networks, 2015, 91: 298–315.

[56] CORMODE G, MUTHUKRISHNAN S. An improved data stream summary: the count-min sketch and its applications[J]. Journal of Algorithms 2005, 55: 58–75.

[57] BU T, CAO J, CHEN A Y, et al. Sequential hashing: a flexible approach for unveiling significant patterns in high speed networks[J]. Computer Networks, 2010, 54: 3309–3326.

[58] HUANG Q, JIN X, LEE P P C, et al. SketchVisor: robust network measurement for software packet processing[C/OL]. [2024–08–10]. https://dl.acm.org/doi/pdf/10.1145/3098822.3098831.

[59] YU M L, JOSE L, MIAO R. Software defined traffic measurement with OpenSketch[C/OL]. [2024–08–10]. https://www.usenix.org/system/files/conference/nsdi13/nsdi13–final116.pdf.

[60] HUANG Q, LEE P P C, BAO Y G. Sketch Learn: relieving user burdens in approximate measurement with automated statistical inference[C/OL]. [2024–08–10]. https://dl.acm.org/doi/pdf/10.1145/3230543.3230559.

[61] YANG T, JIANG J, LIU P, et al. Elastic sketch: adaptive and fast network-wide measurements[C/OL]. [2024–08–10]. https://dl.acm.org/doi/pdf/10.1145/3230543.3230544.

[62] JOSE L, YU M L, REXFORD J. Online measurement of large traffic aggregates on commodity switches[C/OL]. [2024–08–10]. https://www.usenix.org/legacy/event/hotice11/tech/full_papers/Jose.pdf.

[63] YU C, LUMEZANU C, ZHANG Y P, et al. FlowSense: monitoring network utilization with zero measurement cost[C/OL]. [2024–08–10]. http://alumni.cs.ucr.edu/~cyu/papers/pam13.pdf.

[64] TOOTOONCHIAN A, GHOBADI M, GANJALI Y. OpenTM: traffic matrix estimator for OpenFlow networks[C/OL]. [2024–08–10]. https://citeseerx.ist.psu.edu/document?repid=rep1&type=pdf&doi=cacb37dbc69aa4378cd7a47d6460b208b9bf75fc#page=209.

[65] CHOWDHURY S R, BARI M F, AHMED R, et al. PayLess: a low cost network monitoring framework for software defined networks[C/OL]. [2024–08–10]. https://citeseerx.ist.psu.edu/document?repid=rep1&type=pdf&doi=7c42a8c09fdff401198a07c49661b16e05317bc1.

[66] HELLER B, SHERWOOD R, MCKEOWN N. The controller placement problem[C/OL]. [2024–08–10]. https://dl.acm.org/doi/pdf/10.1145/2342441.2342444.

[67] LANGE S, GEBERT S, ZINNER T, et al. Heuristic approaches to the controller placement problem in large scale SDN networks[J]. IEEE Transactions on Network & Service Management, 2015, 12(1): 4–17.

[68] SAHOO K S, SAHOO B, DASH R, et al. Optimal controller selection in software defined network using a greedy-SA algorithm[C/OL]. [2024–08–10]. https://www.researchgate.net/profile/Kshira-Sahoo/publication/303844430_Optimal_controller_selection_in_Software_Defined_Network_using_a_Greedy-SA_algorithm/links/575807df08ae04a1b6b9a9ae/Optimal-controller-selection-in-Software-Defined-Network-using-a-Greedy-SA-algorithm.pdf.

[69] RATH H K, REVOORI V, NADAF S M, et al. Optimal controller

placement in software defined networks （SDN） using a non-zero-sum game[C]//Proceeding of IEEE International Symposium on a World of Wireless, Mobile and Multimedia Networks. New York: IEEE, 2014: 1–6.

[70] Open Networking Foundation. OpenFlow switch specification[EB/OL]. [2024–08–10]. http://www.cs.yale.edu/homes/yu–minlan/teach/csci599–fall12/papers/openflow–spec–v1.3.0.pdf.

[71] Dixit A, Hao F, Mukherjee S, et al. Towards an elastic distributed SDN controller[J]. ACM SIGCOMM Computer Communication Review, 2013, 43(4): 7–12.

[72] YAO G, BI J, LI Y L. On the capacitated controller placement problem in software defined networks[J]. IEEE Communications Letters, 2014, 18 (8): 1339–1342.

[73] CHENG G Z, CHEN H C. Game model for switch migrations in software-defined network[J]. Electronics Letters, 2014, 50(23):1699–1700.

[74] HU T, LAN J L, ZHANG J H, et al. EASM: efficiency-aware switch migration for balancing controller loads in software-defined networking[J]. Peer-to-Peer Networking and Applications, 2019, 12: 452–464.

[75] MESTRES A, RODRIGUEZ-NATAL A, CARNER J, et al. Knowledge-defined networking[J]. ACM SIGCOMM Computer Communication Review, 2017, 47(3): 2–10.

[76] 窦浩铭，胡静，陈思光，等. 基于蚁群优化的 SDN 负载均衡算法研究 [J]. 南京邮电大学学报（自然科学版），2019，39（1）：52–61.

[77] ABDELLTIF A A, AHMED E, FONG A T, et al. SDN-based load balancing service for cloud servers[J]. IEEE Communications Magazine, 2018, 56(8) : 106–111.

[78] 龙昭华，叶二伟，董瑞芳 . SDN 中基于多指标的链路负载均衡模型 [J]. 计算机工程与设计，2019，40（4）：948–952，1084.

[79] ZHONG H, SHENG J Q, XU Y, et al. SCPLBS: a smart cooperative platform for load balancing and security on SDN distributed controllers[J]. Peer-to-Peer Networking and Applications, 2019, 12(2): 440–451.

[80] 邬江兴，胡宇翔，李玉峰．群集运动引发的智慧网络发展思考：情景网络 [J]. 电信科学，2018（5）：1–6.

[81] 王世丽，金英花，吴晨．带通信时滞的多智能体系统的群集运动 [J]. 计算机工程与应用，2017，53（23）：24–28，50.

[82] 刘明雍，雷小康，杨盼盼，等．群集运动的理论建模与实证分析 [J]. 科学通报，2014（25）：2464–2483.

[83] LEBAR BAJEC I, HEPPNER F H．Organized flight in birds[J]. Animal Behaviour, 2009, 78(4): 777–789.

[84] GODSIL C, ROYLE G．Algebraic graph theory[M]. New York: Springer Science & Business Media, 2001.

[85] 张帆，李壮举．改进蚁群算法的中央空调冷冻水系统优化控制 [J]. 计算机工程与设计，2019，40（5）：1311– 1315.

[86] 肖行行，冀俊忠，杨翠翠．基于烟花算法的蛋白质相互作用网络功能模块检测方法 [J]．哈尔滨工业大学学报，2019，51（5）：57–66.

[87] SLOWIK A, KWASNICKA H．Nature inspired methods and their industry applications—swarm intelligence algorithms[J]．IEEE Transactions on Industrial Informatics, 2018, 14(3) : 1004–1015.

[88] ZOUACHE D, MOUSSAOUI A, ABDELAZIZ F B．A cooperative swarm intelligence algorithm for multi-objective discrete optimization

with application to the knapsack problem[J]. European Journal of Operational Research, 2018, 264(1) : 74–88.

[89] 王艳玲，李龙澍，胡哲．群体智能优化算法 [J]. 计算机技术与发展，2008，18（8）：114–117.

[90] PAJOUHI Z, ROY K. Image edge detection based on swarm intelligence using memristive networks[J]. IEEE Transactions on Computer-Aided Design of Integrated Cir-cuits and Systems, 2018, 37(9): 1774–1787.

[91] MA H P, YE S G, SIMON D, et al. Conceptual and numerical comparisons of swarm intelligence optimization algorithms[J]. Soft Computing, 2017, 21: 3081–3100.

[92] ZHAO F Q, LI G Q, ZHANG R B, et al. Swarm-based intelligent optimization approach for layout problem[J]. Multimedia Tools and Applications, 2017, 76 : 19445– 19461.

[93] 李刚，于国辉．论网络公地悲剧及其解决方式 [J]. 北京邮电大学学报（社会科学版），2010，12（2）：1–4，10.

[94] CHOWDHURY S R, BARI M F, AHMED R, et al. PayLess: a low cost network monitoring framework for software defined networks[C/OL] [2024–08–10]. https://citeseerx.ist.psu.edu/document?repid=rep1&type=pdf&doi=7c42a8c09fdff401198a07c49661b16e05317bc1.

[95] LEE S B, KANG M S, GLIGOR V D. CoDef: collaborative defense against large-scale link-flooding attacks[C/OL]. [2024–08–10]. https://conferences.sigcomm.org/co–next/2013/program/p417.pdf.

[96] LIASKOS C, KOTRONIS V, DIMITROPOULOS X.A novel framework for modeling and mitigating distributed link flooding attacks[C/OL].

[2024–08–10]. https://arxiv.org/pdf/1611.02491.

[97] KANG M S, GLIGOR V D, SEKAR V. SPIFFY: inducing cost-detectability tradeoffs for persistent link-flooding attacks[C/OL]. [2024–08–10]. http://www.contrib.andrew.cmu.edu/~vsekar/assets/pdf/ndss16_spiffy.pdf.

[98] BELABED D, BOUET M, CONAN V. Centralized defense using smart routing against link-flooding attacks[C/OL]. [2024–08–10]. https://www.researchgate.net/publication/330251002_Centralized_Defense_Using_Smart_Routing_Against_Link–Flooding_Attacks.

[99] HO C J, VAUGHAN J W. Online task assignment in crowdsourcing markets[C/OL]. [2024–08–10]. https://www.xueshufan.com/publication/2398690976.

[100] ANGELOPOULOS C M, NIKOLETSEAS S, RAPTIS T P, et al.Characteristic utilities, join policies and efficient incentives in mobile crowd sensing systems[C]//Proceedings of the IFIP Wireless Days. New York: IEEE, 2014:1–6.

[101] HE S B, SHIN D H, ZHANG J S , et al. Toward optimal allocation of location dependent tasks in crowdsensing[C/OL]. [2024–08–10]. https://scholar.archive.org/work/vrqonw35xne7ldai6oetvrb43u/access/wayback/http://informationnet.asu.edu/pub/infocom14shibo.pdf.

[102] DANG T, FENG W C, BULUSU N, et al. Demo abstract: zoom-a multi-resolution tasking framework for crowdsourced geo-spatial sensing[C/OL]. [2024–08–10]. https://www.researchgate.net/publication/264934876_Demo_Abstract_Zoom_A_Multi–Resolution_Tasking_Framework_for_Crowdsourced_Geospatial_Sensing.

[103] TRAN H, BULUSU N, DANG T, et al. Scalable map-based tasking for urban scale multi-purpose sensor networks[C/OL]. [2024–08–10]. https://www.researchgate.net/profile/Huy–Tran–38/publication/261342326_Scalable_map–based_tasking_for_urban_scale_multi–purpose_sensor_networks/links/54d7f17c0cf25013d03c5397/Scalable–map–based–tasking–for–urban–scale–multi–purpose–sensor–networks.pdf.

[104] HONG C, ZHOU S W. Raster-vector mixed task distribution method for mobile crowd sensing system[J]. Computer Engineering and Applications, 2016(23): 130–134 .

[105] ZHANG J T, ZHAO Z H, ZHOU S W. Vector task map: progressive task allocation in crowd-sensing[J]. Chinese Journal of Computers, 2016, 39(3), 1–14.

[106] LI P, ZHAO S L, ZHANG R C. A cluster analysis selection strategy for supersaturated designs[J]. Computational Statistics & Data Analysis, 2014, 54(6), 1605–1612.

[107] WANG W, ZHOU X. General drawdown–based de Finetti optimization for spectrally negative Lévy risk processes[J]. Journal of Applied Probability.2018, 55(2): 513–542.

[108] YOON B Y, LEE B C, LEE S S. Scalable flow–based network processor for premium network services[C]//ICTC 2011. New York: IEEE, 2011: 436–440.

[109] GOPALAKRISHNAN R, MARDEN J R, WIERMAN A. An architectural view of game theoretic control[J]. ACM SIGMETRICS Performance Evaluation Review, 2011, 38(3): 31–36.

[110] FREY B J, DUECK D. Clustering by passing messages between data points[J]. Science, 2007, 315: 972–976.

[111] Internet2 Open Science[EB/OL]. http://www.internet2.edu/network /ose/.

[112] LEISERSON C E. Fat-trees: universal networks for hardware-efficient supercomputing[J]. IEEE Transactions on Computers, 1985, 34(10): 892–901.

[113] 覃匡宇，黄传河，王才华，等 . SDN 网络中受时延和容量限制的多控制器均衡部署 [J]. 通信学报，2016，37（11）：90–103.

[114] 汪刚 . 软件定义网络在大规模网络中的应用研究 [D]. 杭州：浙江大学，2015.

[115] TOOTOONCHIAN A, GANJALI Y. Hyperflow: a distributed control plane for OpenFlow[C/OL]. [2024–08–10]. https://www.usenix.org/legacy/event/inmwren10/tech/full_papers/Tootoonchian.pdf.

[116] 王雪霞，张泽琦，李明，等 . 一种基于入侵检测的空间网络安全路由技术 [J]. 电子技术应用，2015，41（4）：101–104.

[117] 滑翔 . 基于云计算技术设计网络安全储存系统 [J]. 电子技术应用，2016，42（11）：106–107，111.

[118] HU T, YI P, GUO Z H, et al. Bidirectional matching strategy for multi-controller deployment in distributed software defined networking[J]. IEEE Access, 2018: 2798665.

[119] HU T, YI P, ZHANG J H, et al. Reliable and load balance-aware multi-controller deployment in SDN[J]. China Communications, 2018, 15(11): 184–198.

[120] DIXIT A, HAO F, MUKHERJEE S, et al. ElastiCon: an elastic distributed

SDN controller[C/OL].[2024-08-10]. https://citeseerx.ist.psu.edu/document?repid=rep1&type=pdf&doi=e17af74b8032d47ac9019bd517787864b558b089.

[121] ZHONG H, FANG Y M, CUI J. LBBSRT: an efficient SDN load balancing scheme based on server response time[J]. Future Generations Computer Systems: FGCS, 2017, 68: 183–190.

[122] 梁霞，黄明，梁旭 . 改进的自适应遗传算法及其在作业车间调度中的应用 [J]. 大连铁道学院学报，2005，26（4）：33–35.

[123] 史久根，郗伟，贾坤荥，等 . 软件定义网络中基于负载均衡的多控制器部署算法 [J]. 电子与信息学报，2018，40（2）：455–461.

[124] 胡涛，张建辉，马腾，等 . SDN 中基于可靠性评估的多控制器均衡部署策略 [J]. 通信学报，2017，38（11）：188–198.

[125] 胡涛，张建辉，毛明 . SDN 中基于迁移优化的控制器负载均衡策略 [J]. 计算机应用研究，2018，35（2）：559–563.

[126] DIXIT A, HAO F, MUKHERJEE S, et al. ElastiCon: an elastic distributed SDN controller[C]//Proceedings of the Tenth ACM / IEEE Symposium on Architectures for Networking and Communications Systems-ANCS. Piscataway: IEEE Press, 2014: 17–27.

[127] YAO G, BI J, LI Y L, e tal. On the capacitated controller placement problem in software defined networks[J]. IEEE Communications Letters, 2014, 18 (8): 1339–1342.

[128] 李婉，沈苏彬，吴振宇 . 一种基于多 SDN 控制器的交换机迁移机制 [J]. 计算机技术与发展，2018，28（1）：89–94，99.

[129] 王颖，余金科，裴科科，等 . 基于负载通告的 SDN 多控制器负载均

衡机制 [J]. 电子与信息学报，2017，39（11）：2733–2740.

[130] 刘必果，束永安，付应辉 . 基于多目标优化的软件定义网络负载均衡方案 [J]. 计算机应用，2017，37（6）：1555–1559，1573.

[131] LI G Y, WANG X Q, ZHANG Z G. SDN-based load balancing scheme for multi-controller deployment[J]. IEEE Access, 2019, 7: 39612–39622.

[132] OKTIAN Y E, LEE S G, LEE H J, et al. Distributed SDN controller system: a survey on design choice[J]. Computer Networks, 2017, 121: 100–111.

[133] MARTINS J, AHMED M, RAICIU C, et al. Enabling fast, dynamic network processing with ClickOS[C/OL]. [2024–08–10]. https://dl.acm.org/doi/pdf/10.1145/2491185.2491195.

[134] FAYAZBAKHSH S K, SEKAR V, YU M, et al. FlowTags: enforcing network-wide policies in the presence of dynamic middlebox actions[C/OL]. [2024–08–10]. https://dl.acm.org/doi/pdf/10.1145/2491185.2491203.

[135] JACOBSON V, SMETTERS D K, THORNTON J D, et al. Networking named content[C/OL]. [2024–08–10]. https://conferences.sigcomm.org/co–next/2009/papers/Jacobson.pdf.

[136] SYRIVELIS D, PARISIS G, TROSSEN D, et al. Pursuing a software defined information-centric network[C/OL]. [2024–08–10]. http://nitlab.inf.uth.gr/NITlab_old/papers/pursuit_sdn_final.pdf.

[137] VELTRI L, MORABITO G, SALSANO S, et al. Supporting information-centric functionality in software defined networks[C/OL]. [2024–08–10]. http://netgroup.uniroma2.it/ Andrea_Detti/papers/conferences/icn–sdn.pdf.

[138] TENNENHOUSE D L, WETHERALL D J. Towards an active network architecture[C/OL]. [2024-08-10]. https://dl.acm.org/doi/pdf/10.1145/231699.231701.

[139] KREUTZ D, RAMOS F M V, VERISSIMO P. Towards secure and dependable software-defined networks[C/OL]. [2024-08-10]. https://dl.acm.org/doi/pdf/10.1145/2491185.2491199.

[140] SHIN S, YEGNESWARAN V, PORRAS P, et al. AVANT-GUARD: scalable andvigilant switch flow management in software-defined networks[C/OL]. [2024-08-10]. https://koasas.kaist.ac.kr/bitstream/10203/205898/1/avant-guard_ccs13.pdf.

[141] FERGUSON A D, GUHA A, LIANG C, et al. Participatory networking: an API for application control of SDNs[J]. ACM SIGCOMM Computer Communication Review, 2013, 43(4): 327-338.

[142] PORRAS P, SHIN S, YEGNESWARAN V, et al. A security enforcement kernel for OpenFlow networks[C/OL]. [2024-08-10]. https://dl.acm.org/doi/pdf/10.1145/2342441.2342466.

[143] SHIN S, PORRAS P, YEGNESWARAN V, et al. FRESCO: modular composable security services for software-defined networks[C/OL]. [2024-08-10]. https://koasas.kaist.ac.kr/bitstream/ 10203/205914/1/fresco_ndss13.pdf.

[144] 付永红，毕军，张克尧，等. 软件定义网络可扩展性研究综述 [J]. 通信学报，2017，38（7）：141-154.

[145] 池亚平，莫崇维，杨垠坦，等. 面向软件定义网络架构的入侵检测模型设计与实现 [J]. 计算机应用，2020，40（1）：116-122.

[146] 范广宇，王兴伟，贾杰，等. SDN 应用平面与控制平面安全交互方法 [J]. 信息网络安全，2021（6）：70–79.

[147] KREUTZ D, RAMOS F M V, VERISSIMO P E, et al. Soft-ware-defined networking: a comprehensive survey[J]. Proceedings of the IEEE, 2015, 103(1): 14–76.

[148] HAN T, JAN S R U, TAN Z Y, et al. A comprehensive survey of security threats and their mitigation techniques for next-generation SDN controllers[J]. Concurrency and Computation: Practice and Experience, 2020, 32(16): e5300.

[149] AHMAD I, NAMAL S, YLIANTTILA M, et al. Security in software defined networks: a survey[J]. IEEE Communications Surveys & Tutorials, 2015, 17(4): 2317–2346.

[150] 徐玉华，孙知信 . 软件定义网络中的异常流量检测研究进展 [J]. 软件学报，2020，31（1）：183–207.

[151] MURILLO A F, RUEDA S J, MORALES L V, et al. SDN and NFV security: challenges for integrated solutions[M]//ZHU S Y, SCOTT-HAYWARD S, JACQUIN L, et al. Guide to security in SDN and NFV: challenges, opportunities, and applications. Berlin: Springer, 2017: 75–101.

[152] DURAIRAJAN R, SOMMERS J, BARFORD P. Controller-agnostic SDN debugging[C]//Proceedings of the 10th ACM International on Conference on emerging Networking Experiments and Technologies. New York: ACM, 2014: 227– 234.

[153] LI Y H, WANG Z L, YAO J Y, et al. MSAID: automated detection of interference in multiple SDN applications[J]. Computer Networks, 2019,

153: 49–62.

[154] HU T, YI P, HU Y X, et al. SAIDE: efficient application interference detection and elimination in SDN[J]. Computer Networks, 2020, 183: 107619.

[155] CHANG R, LIN Z W, SUN Y, et al. MD-UCON: a multi-domain access control model for SDN northbound interfaces[J]. Journal of Physics: Conference Series, 2019, 1187(3): 032091.

[156] TSENG Y, PATTARANANTAKUL M, HE R, et al. Controller DAC: securing SDN controller with dynamic access control[C]//2017 IEEE International Conference on Communications. Piscataway: IEEE Press, 2017: 1–6.

[157] 柳林，周建涛 . 软件定义网络控制平面的研究综述 [J]. 计算机科学，2017，44（2）：75–81.

[158] BENAMRANE F, BEN MAMOUN M, BENAINI R. An east-west interface for distributed SDN control plane: implementation and evaluation[J]. Computers & Electrical Engineering, 2017, 57: 162–175.

[159] MACEDO R, DE CASTRO R, SANTOS A, et al. Self-organized SDN controller cluster conformations against DDoS attacks effects[C]//2016 IEEE Global Communications Conference. Piscataway: IEEE Press, 2016: 1–6.

[160] LAM J H, LEE S G, LEE H J, et al. Securing distributed SDN with IBC[C]//2015 Seventh International Conference on Ubiquitous and Future Networks. Piscataway: IEEE Press, 2015: 921–925.

[161] KHRAISAT A, GONDAL I, VAMPLEW P, et al. Survey of intrusion

detection systems: techniques, datasets and challenges[J]. Cybersecurity, 2019, 2(1): 1–22.

[162] MARIN E, BUCCIOL N, CONTI M. An in-depth look into SDN topology discovery mechanisms: novel attacks and practical countermeasures[C]// Proceedings of the 2019 ACM SIGSAC Conference on Computer and Communications Security. New York: ACM, 2019: 1101–1114.

[163] 朱良根，张玉清，雷振甲 . DoS 攻击及其防范 [J]. 计算机应用研究，2004（7）：82–84，95.

[164] LIN T Y, WU J P, HUNG P H, et al. Mitigating SYN flooding attack and ARP spoofing in SDN data plane[C]//2020 21st Asia-Pacific Network Operations and Management Symposium (APNOMS). Piscataway: IEEE Press, 2020: 114–119.

[165] AKYILDIZ I F, LEE A, WANG P, et al. A roadmap for traffic engineering in SDN-OpenFlow networks[J]. Computer Networks, 2014, 71: 1–30.

[166] HONG S, XU L, WANG H P, et al. Poisoning network visibility in software-defined networks: new attacks and countermeasures[C/OL]. [2024–08–10]. https://www.researchgate.net/publication/300925112_Poisoning_Network_Visibility_in_Software–Defined_Networks_New_Attacks_and_Countermeasures.

[167] ALSHRA’A A S, SEITZ J. Using INSPECTOR device to stop packet injection attack in SDN[J]. IEEE Communications Letters, 2019, 23(7): 1174–1177.

[168] SAHOO K S, TRIPATHY B K, NAIK K, et al. An evolutionary SVM model for DDoS attack detection in software defined networks[J]. IEEE

Access, 8: 132502–132513.

[169] HUANG X L, DU X J, SONG B. An effective DDoS defense scheme for SDN[C]//2017 IEEE International Conference on Communications. Piscataway: IEEE Press, 2017: 1–6.

[170] BADOTRA S, PANDA S N. SNORT based early DDoS detection system using Opendaylight and open networking operating system in software defined networking[J]. Cluster Computing, 2021, 24(1): 501–513.

[171] DEHKORDI A B, SOLTANAGHAEI M, BOROUJENI F Z.The DDoS attacks detection through machine learning and statistical methods in SDN[J].The Journal of Supercomputing, 2021, 77(3): 2383–2415.

[172] LEWIS B, BROADBENT M, RACE N. P4ID: P4 enhanced intrusion detection[C]//2019 IEEE Conference on Network Function Virtualization and Software Defined Networks (NFV-SDN). Piscataway: IEEE Press, 2019: 1–4.

[173] HWANG R H, NGUYEN V L, LIN P C. StateFit: a security framework for SDN programmable data plane model[C]// 2018 15th International Symposium on Pervasive Systems, Algorithms and Networks (I-SPAN). Piscataway: IEEE Press, 2018: 168–173.

[174] MUSUMECI F, IONATA V, PAOLUCCI F, et al. Machine-learning-assisted DDoS attack detection with P4 language[C]// ICC 2020-2020 IEEE International Conference on Communications (ICC). Piscataway: IEEE Press, 2020: 1–6.